A BRIEF HISTORY OF EVERYTHING

万物简史

少年简读版 ③

张玉光 ◉ 主 编

青岛出版集团 | 青岛出版社

图书在版编目（CIP）数据

万物简史 : 少年简读版 . 3 / 张玉光主编 . —— 青岛 : 青岛出版社 , 2024.3
ISBN 978-7-5736-2065-1

Ⅰ . ①万… Ⅱ . ①张… Ⅲ . ①自然科学—少年读物 Ⅳ . ① N49

中国国家版本馆 CIP 数据核字 (2024) 第 053643 号

WANWU JIANSHI （SHAONIAN JIANDU BAN）

书　　　名	**万物简史**（少年简读版）
主　　　编	张玉光
出 版 发 行	青岛出版社（青岛市崂山区海尔路 182 号）
本 社 网 址	http://www.qdpub.com
责 任 编 辑	朱　寰　刘　怿
封 面 设 计	刘　帅
排　　　版	青岛艺鑫制版印刷有限公司
印　　　刷	青岛新华印刷有限公司
出 版 日 期	2024 年 3 月第 1 版　2024 年 3 月第 1 次印刷
开　　　本	16 开（889mm×1194mm）
印　　　张	20
字　　　数	400 千
书　　　号	ISBN 978-7-5736-2065-1
定　　　价	136.00 元（全四册）

编校印装质量、盗版监督服务电话　4006532017　0532-68068050

前言

PREFACE

"寄蜉蝣于天地，渺沧海之一粟！"你有没有想过：能来这个世界走一遭，是一件多么幸运的事！这其中所涉及的世间万物，恐怕要远远超越你的想象。

经过行星们上亿年的撞击，陨石不断坠落，这才形成了地球初始的模样。伴着没完没了的火山喷发，宇宙射线与太阳辐射长驱直入，地球上有了氧气与海洋，在这颗蓝色的星球上随之出现了生命。自生命诞生，从单细胞到多细胞、水生到陆生、卵生到胎生、变温到恒温，生命一步一步艰难前行。自类人猿诞生之后，从树栖到洞居、森林到草原，在无比强大的自然面前，生活举步维艰。

在数不清的岁月里，成千上万的物种已经不复存在。虽然地球是唯一拥有生命的星球，但也算不上生物的天堂。大冰期、大型食肉动物的捕杀、无处不在的细菌病毒……人类经此种种，能够幸存下来实属不易。了不起的是，人类不但存活下来，还开始了认识世界、探索万物的科学进程。

在二三百万年前的原始社会，当时的人类为填饱肚子而苦恼，无论如何也想不到，自己的后代会为这些问题而陷入思考：宇宙是如何从大爆炸而来；太阳系中为何有恒星、行星、卫星、小行星、矮行星等；地球生命是如何从无到有，发展至今；人类是如何演化的，未来又会走向何方……

《万物简史》将告诉你这一切的答案。这本书涵盖的内容广泛，语言简洁明了，绘画生动写实，为读者们构筑了一个浩瀚而有趣的科普世界，让大家遨游科学的海洋，在轻松阅读之中，洞悉万物之奥妙。

目 录
CONTENTS

第三章
生命的起源

第四章
物种的演化

第一章 人类的立足之地

在茫茫宇宙里，地球是我们目前唯一已知有生命的星球。从生命在地球上出现，到今天人类遍布全球，中间经过了几十亿年的演变。没有比地球更适合我们的家园了——既不太热也不太冷，同时又有丰富的自然资源，使我们足以繁衍生息。请你低头看一看脚下的土地，这就是我们的立足之地，也是我们目前唯一的立足之地。

小小的立足之地

由于各种人类活动，地球环境越来越恶劣，急需我们的保护。但有些人觉得我们没必要费心保护地球，等到地球没法儿住了的时候，再找个别的星球居住就行了。可是，人类真的能去其他星球生活吗？

微乎其微的可能

先从宏观的角度来想一想，肉眼可以看到的恒星有成千上万颗。像地球一样的行星更是数不胜数。在这么多的行星中，可能存在生命的行星有很多，但都离我们非常非常遥远，哪怕去离我们最近的，也要花上几辈子的时间。此外，凭借人类目前的科技水平，移居外星只能存在于设想中。

我们还是不要抱怨了吧

有时，地球会刮台风、下暴雨，或者出现干旱等极端天气，人们因此抱怨不已。但你只要稍微了解一下其他行星的情况，就会发现我们的地球简直就是天堂。看看金星，天天下酸雨，还热得像火炉；再看看火星，气温非常低，大气又稀薄，人站在火星上，不被冻死也会马上因缺氧而死。所以我们还是不要抱怨了吧，地球其实挺好的。

◀ 未来，人类可能告别地球

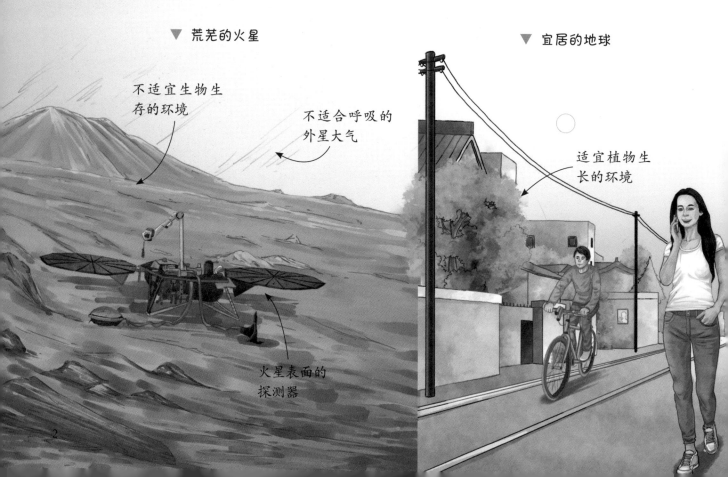

▼ 荒芜的火星

不适宜生物生存的环境

不适合呼吸的外星大气

火星表面的探测器

▼ 宜居的地球

适宜植物生长的环境

三分陆地，七分海洋

　　地球的面积很大，但仔细算算，人类其实没有多少立足之地。在地球上，陆地面积约占 29%，剩下的全都是浩瀚的海洋。这就是我们常说的"三分陆地，七分海洋"。我们的居住范围就只在那"三分"陆地上，而且还不是所有的陆地都适合人类生存。

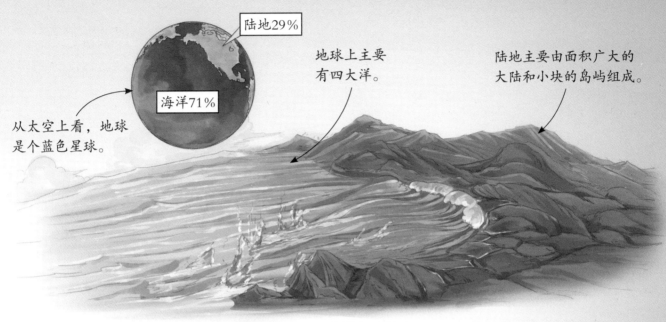

陆地29%

海洋71%

从太空上看，地球是个蓝色星球。

地球上主要有四大洋。

陆地主要由面积广大的大陆和小块的岛屿组成。

▲ 海洋和陆地

珍贵的立足之地

　　和一些生物相比，人类的适应能力真的不太好。人类不能生活在太冷的地方，否则很快就会被冻僵；也不能生活在太热的地方，否则过不了多久就会中暑。这样一来，适合我们居住的陆地就小得多了。这就是我们的立足之地，小小的、珍贵的立足之地。

▼ 人类的生存空间只占地球面积的一小部分

▼ 如果地球变得荒芜

地球能源耗尽后，可能变得一片荒芜。

人类的生存条件

地球大约已经有 46 亿岁了，其中大部分时间里，地球的环境都非常严酷。生命的出现并不是必然的事情，我们能生存到现在简直就是一个奇迹。

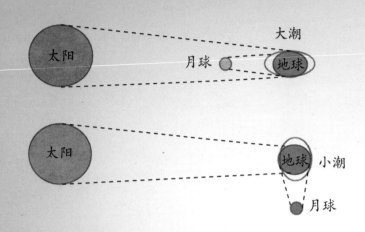

▲ 日月与地球的位置对潮汐的影响

一颗合适的卫星

地球不仅在宇宙中有合适的位置，还有一颗合适的卫星——月球。因为月球的引力使地球的自转速度变慢，减小了地球的昼夜温差，让我们有了分明的四季。也是因为月球对海水的引力产生了潮汐，才令许多曾经生活在水里的生物走上了陆地。

正在远离的月球

月球守护着地球稳定运行，但遗憾的是，月球可能不会一直陪伴我们下去。根据观测，月球正在以每年约 4 厘米的速度离我们而去。几十亿年后，月球也许会离开地球。没有了月球，地球可能会陷入危机。希望在那天到来之前，人类可以想到解决办法。

▲ 围着地球旋转的月球

随着月球的远离，地球的环境也会发生很大变化。没有了月球，潮汐发生变化，地球的倾斜改变，地球的一天会变短，四季会混乱，气候更加极端。

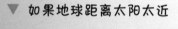

▼ 如果地球距离太阳太近

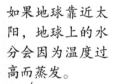

如果地球靠近太阳，地球上的水分会因为温度过高而蒸发。

合适的位置

地球上的一切热量和光明几乎都来源于太阳。如果地球离太阳再远一点儿，那地球就无法得到足够的热量，到时海洋会全部结冰，到处都是冰天雪地，地球会变成一个"冰球"。假如离太阳过近的话，地球又可能会被"热化"。好在地球离太阳的位置非常适中，既不会过冷，也不会过热。

合适的时间

宇宙变化无穷，地球同样如此。在过去的46亿年里，地球无时无刻不在发生变化。假如那颗造成恐龙灭绝的陨石和地球擦肩而过，恐怕恐龙会继续统治地球，人类会不会出现都是一个未知数。但恐龙恰恰就在那时灭绝了，于是，后面的一切也在合适的时间发生了。

▼ 适宜人类居住、生存的地球

地球在太阳系的宜居带中，距离太阳不太远也不太近，温度适宜。

地球是目前已知唯一一个有生命存在的星球。

地球上有合适的大气。

5

地球的被子——大气层

地球的外面有一层大气层，它就像被子一样包裹着地球。我们都应该感谢这层"被子"，没有了它，地球便无法保温，陨石也会长驱直入，生命根本不可能存在。

▼ 包裹着地球的大气

大气的主要成分是氮气、氧气、二氧化碳和水汽等。

大气层可以削弱太阳辐射。

大气层环绕着整个地球。

地球内部的岩浆

地球的内部充满了液态的岩浆，它们无时无刻不在流动。火山爆发的时候，这些灼热的岩浆裹挟着大量气体喷涌而出。它会吞噬所经过的地面，几乎一切生命都在劫难逃。这确实是一场灾难。但谁都无法否认岩浆对地球的重要性，岩浆在建立大气层的过程中发挥了重要的作用。

▲ 没有大气层的地球遭受到小行星的撞击

▲ 火山喷发，气体喷薄而出

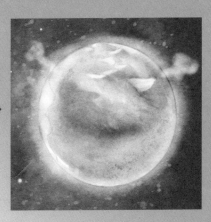

▲ 原始大气形成

最初的生命是海洋中的原始细菌。

▲ 原始生命出现

▲ 在植物的光合作用下，氧气增多

原始大气和次生大气

刚诞生的地球还没有大气层，它一边公转，一边吸附轨道上的微尘和气体。随着地表的冷却，地球周围开始形成一层原始大气。那时的地壳非常不稳定，地质活动频繁，经常发生火山爆发、地震等现象。火山爆发时排放了大量气体，慢慢形成了次生大气层，但其中没有我们需要的氧气。

现代大气的形成

时间又过去了几亿年，由于没有臭氧层，地球还无法抵御太阳紫外线的辐射。为了躲避辐射的伤害，最早的生命只能避其锋芒——首先出现在水里。慢慢地，原始生命进化成有叶绿体的植物。植物不断进行光合作用，吸收二氧化碳并释放氧气。经过亿万年的演化，大气中已经有了足够多的氧气，高空中逐渐形成臭氧层。经过几十亿年，现代大气层终于形成了。

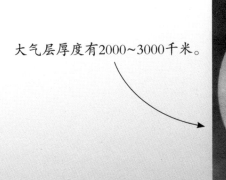

大气层厚度有2000~3000千米。

▲ 包裹着地球的大气层

▲ 大气层形成

大气结构

大气被分为 5 个不同的层次，包括对流层、平流层、中间层、热层和散逸层。接下来让我们一起去认识一下它们吧。

对流层

对流层离地面最近，包含了大气质量的 75% 和几乎所有的水汽，常见的风雨雷电等天气现象就发生在这一层。

▼ 对流激烈的对流层

对流层是天气变化最复杂的圈层。

平流层

平流层位于对流层之上，以平流运动为主，有利于飞机等飞行器飞行。对我们非常重要的臭氧层就位于平流层。因为臭氧具有吸收紫外线的功能，所以可以保护地表生物免于受阳光中强烈的紫外线的伤害。

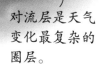

美丽的极光出现在热层。

中间层

中间层位于平流层之上，空气十分稀薄，气温随高度增加而迅速降低。这里空气的垂直对流运动强烈，进入大气的流星体大部分会在这一层燃尽，而不会到达地面。

▼ 平稳的平流层

热层

热层在中间层之上，温度随着高度的增加而迅速上升。热层处于高度电离状态，这为人类的无线电波传送提供了基础，绚丽的极光就是在热层形成的。

散逸层

散逸层位于热层以上，是地球大气的最外层。这里的空气非常稀薄并且受地心引力作用很小，空气粒子可以从这层飞出地球进入太空。

散逸层

热层

中间层

平流层

对流层

热层空气在宇宙射线作用下处于电离状态，能够反射无线电波。

流星

飞机可以在平流层平稳飞行。

对流层对人类生产、生活和生态平衡影响最大。

神秘的空气

以前人们认为，离太阳越近，温度应该越高，但后来大家发现，海拔越高，气温越低。像这样的疑惑还有很多，看不见、摸不着的空气显得尤为神秘。在科技发达的今天，关于空气的许多疑问已经迎刃而解了。

海拔越高，温度越低

在生活中，我们会发现，海拔越高，温度越低。这是为什么呢？我们生活在对流层，而对流层的大气对不同波长辐射的吸收能力是不同的。太阳辐射主要是短波辐射，能够穿过大气，直接被地面吸收。而大气的热量来源主要是地面反射的红外线。因此，距离地面越近的大气接收到的地面辐射越多，温度也就越高；海拔越高，接收到的地面辐射越少，温度也就越低。

▼ 空气中的分子

空气是一种混合气体，78%是氮气，21%是氧气，剩下的是二氧化碳及其他气体。

空气的重量

空气看似没有存在感，可当它大量聚集起来，破坏力大得吓人。当空气处于快速流动状态时可以轻而易举地将房屋吹倒在地，甚至可以把树木连根拔起。虽然空气有重量，但我们平常感觉不到。因为空气的密度很小，所以非常轻。

龙卷风具有强大的破坏力。

▲ 威力十足的龙卷风

恼人的高山反应

空气是我们生存的必要条件之一，你要是想亲自验证这一点，可以去一个海拔高的地方。因为海拔越高的地方气压越低，氧气越少，当你处在海拔几千米的地方，你的身体就会出现头痛、恶心、呼吸困难等各种不适，这是身体在向你报告："你有了高山反应。"人在快速进入海拔3000米的高山、高原后，就会出现高山反应。要是待在海拔8000多米的珠穆朗玛峰上，人很快就会吃不消了。

▼ 海拔越高，氧气越少，气压越低

8000m

在对流层中，海拔越高，气温越低。

3000m

人在高海拔地区容易出现高山反应。

1000m

一般情况下，海拔每升高1000米，温度大约下降6℃。

我们都离不开水

除了空气，液态水是生命出现的另一个条件。目前来看，地球是太阳系里唯一被液态水覆盖的星球，除了有宽阔的海洋，还有美丽的湖泊和河流，我们的身体里也充满了水分。

到处都是水

地球上到处都是水，我们呼吸的空气里有水分，我们吃的食物里有水分，我们的身体里也充满了水分。那么，地球上到底有多少水呢？根据科学家们的统计，地球上所有海洋、湖泊、河流、冰川、冻土、大气以及生物体内的水都加起来，大约有14亿立方千米。不论水是维持液态，还是蒸发、结冰，都只是换了一种形态，总量是不变的。

▼ 海陆间水的循环

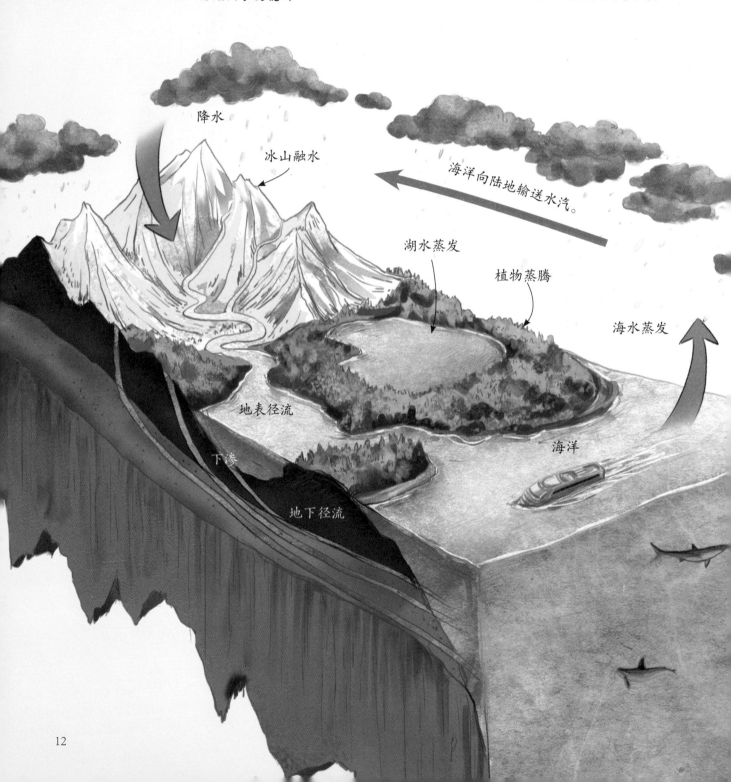

降水

冰山融水

海洋向陆地输送水汽。

湖水蒸发

植物蒸腾

海水蒸发

地表径流

下渗

地下径流

海洋

仅有的淡水

地球上有非常多的水，但超过 97% 的水都在海洋里。而海水是不可以直接饮用的，我们只能利用剩下不到 3% 的淡水。这些淡水大部分又是以冰川的形式存在，我们同样无法利用。只有存在于湖泊与河流中的淡水以及地下水可以供我们使用。

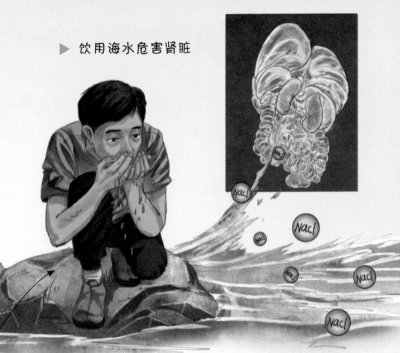

▶ 饮用海水危害肾脏

口渴时，喝海水反而会加快脱水速度。

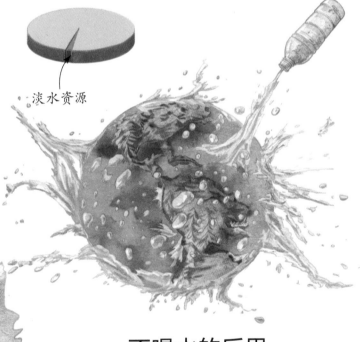

▼ 少部分的可利用淡水

淡水资源

海水不能饮用的原因

这时，又有一个问题冒出来了：我们平常要吃盐，为什么没办法喝含有盐的海水呢？这是因为海水的含盐量太大了，我们的身体根本无法代谢这么多的盐。要是把大量盐摄入到体内，每个细胞的水分子都会离你而去，进而造成严重脱水。与此同时，劳累的血细胞会把无处安放的盐送到肾脏。肾脏的负担会逐渐加重，以至于最后停止运转，人也会随之死亡。

不喝水的后果

虽然水无色无味，也没有形状，但我们却离不开它。我们的身体里有 60%~70% 都是水分。如果两天没有及时补充水，我们就会严重脱水；如果三天没有摄入水分，恐怕就会危及生命了。所以，小朋友一定要多喝水哦！那样才能保持健康。

▶ 水占人体的大部分重量

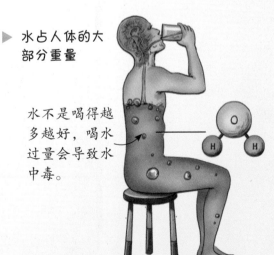

水不是喝得越多越好，喝水过量会导致水中毒。

13

回不去的海洋

在亿万年前，一些海洋生命体从海洋里爬出来，逐渐进化成陆地动物。可是出来容易回去难，当它们踏上陆地的那一刻，海洋就对它们关上了大门。

深海的压力

如果我们在陆地上爬一座200米高的山，除了有点儿累，几乎没有什么感觉。压力的变化很小，小到你察觉不到。但假如你来到200米深的深海，情况就完全不一样了——你的血管会被压力挤瘪，肺也会被压缩成易拉罐大小，内脏器官严重变形。这是因为水比空气重得多，人在海里下潜得越深，压力就越大。下潜到一定的深度后，人的内脏就会被挤爆。

▲ 深海潜水服　　　▲ 潜水服

可怕的减压病

不要以为学会潜水就可以回到海洋，小心患上减压病！这是一种什么病呢？首先你得知道氮在空气中占的比重很大，我们吸入体内的空气中有很多氮。当人处在压力下，氮就会变成一个一个的小气泡在我们的身体里来回游走。如果潜水员上升过快导致压力变化太大，这些氮气泡就会泛起泡沫，将血管堵住，造成细胞失氧，有时会使人痛得直不起腰来。

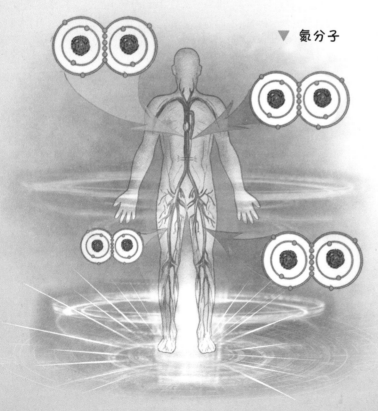

▼ 氮分子

海底探索

海洋广袤而深邃，有丰富的资源和矿产，也有数不清的奥秘。人类一直热衷于探索海洋，但是高压、不稳定水温、黑暗、缺氧以及高腐蚀性的海水等，都是人类进入海洋需要克服的问题。普通人无装备潜水大约只在10~20米的范围，想潜入更深处，就要携带专业的设备了，但人类潜水的极限也只在300米左右。想要真正地探索深海，需要高科技的潜水器。我国"奋斗者"号载人潜水器就成功下潜到了万米深海。

▼ 潜水员潜入水下

如果潜入1万米的深海，
需要承受巨大的压力。

人类利用
潜水器探
测深海。

呼吸管

面镜可以保护
眼睛免受海水
的刺激，能看
清水下情况。

脚蹼

潜水气瓶保障潜水
者在水下的呼吸。

潜水服防止潜水时
体温散失过快，保
护潜水员。

15

过度捕捞海洋生物

浩瀚的海洋里生活着各种各样的生物，有些你可能连见都没见过。它们中有的很好吃，有的能治病，还有的可以做工艺品、化妆品等。海洋生物对我们来说是宝贵的资源，但由于人类的不当索取，这份资源正在逐渐枯竭。

超过限度的索取

在很久很久以前，世界上就出现了靠渔猎为生的人类。他们的工具和船只都不怎么先进，因此没有对海洋生物造成很大的影响。但后来，大规模的工业化捕鱼取代了原始捕鱼，人类不加限制地捕杀，对海洋的索取越来越多，令很多渔区都出现了资源枯竭的现象。这让我们不禁思考：海洋资源丰富到让我们随意索取的地步了吗？

海鸟会跟随渔船抢食"漏网之鱼"。

有些渔场的渔业资源非常丰富，每年大型的拖网渔船都要来"扫荡"好几次，很多鱼类因为过度捕捞而濒临灭绝。

▼ 捕鱼船收获满满

拖网渔船是利用甲板上的绞车来收网的。

休渔期可以让鱼类繁衍生息。

拖网渔船的危害

人类是如何破坏渔业资源的？开着和巡洋舰一样庞大的渔船，后面拖着几十米宽的渔网，这能够将很大范围内的鱼一网打尽，却也会把一些个头太小、不可食用、受到保护的鱼全部打捞上来。当这类鱼被送回海里时，也许已经变成了尸体。像拖网渔船这样的打捞方式造成海洋生物不断减少，严重破坏了海洋的生态系统。

▼ 正在工作的拖网渔船

有限的海洋资源

其实，海洋资源远远不像我们想的那样取之不尽、用之不竭。在有限的海洋资源里，人类的索取越来越多。当某一天人类的索取超过了海洋的负载能力，渔业资源就会逐渐萎缩，走向枯竭。

用于海洋捕捞的专业渔船。

世界上大部分渔业资源被制作成各种美味的食物。

悲惨的命运

由于人类的过度捕捞，很多生物都面临着灭绝的危险，甚至包括像鲸鱼、鲨鱼这样的大型海洋动物。这是一个很严重的问题！

由于人们长时间捕杀鲨鱼获取鱼翅，多种鲨鱼已经濒临灭绝。

脆弱的海洋之王

鲨鱼作为"海洋之王"也面临着前所未有的威胁。鱼翅——鲨鱼鳍中的细丝状软骨，被许多人当成稀罕的美味佳肴。每年约有1亿条鲨鱼被杀害，比鲨鱼繁衍的速度快很多倍。更令人心痛的是，有些鲨鱼在被割掉鱼翅后，会被直接扔回海里。没有了鱼鳍，鲨鱼不能移动，会在大海里越沉越深，最终慢慢窒息而死，这比直接被杀死还痛苦。

◀ 鱼翅

倒霉的鳕鱼

和鲨鱼比起来，鳕鱼好像更倒霉。曾几何时，鳕鱼到处都是，北美一些地方的人们甚至可以直接提着篮子来捞。可自从人们对鳕鱼进行工业性捕捞，鳕鱼的灾难就开始了。由于过度捕捞，一些曾经盛产鳕鱼的海域已经见不到鳕鱼的身影了。这时人们才意识到事情的严重性，开始禁止捕捞鳕鱼。

▼ 捕捞鳕鱼

鳕鱼 ←

最终的恶果

我们从海洋得到许多馈赠，但现在我们却向海洋索求了过多的资源，造成许多鱼类数量急剧减少甚至灭绝。工业化捕捞已经破坏了海洋的生态系统，造成的恶果势必会反噬我们。现在，人们虽然已经认识到这个问题的严重性，并且采取了一些措施，但是谁也说不清，未来的海洋会走向何方。

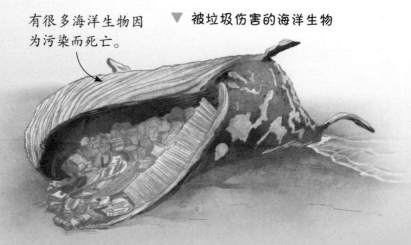

有很多海洋生物因为污染而死亡。

▼ 被垃圾伤害的海洋生物

鲸鱼的命运

鲸鱼是海里最强大的生物之一，但因为人类，这群"海洋霸主"的处境越来越艰难了。对人类来说，鲸的全身都是宝贝——鲸肉味道鲜美，鲸皮可以制革，连鲸骨都可以用来当肥料。很早以前就有人专门从事捕鲸行业，由于早期的捕鲸方式比较原始，所以还不至于影响鲸鱼的数量，真正令鲸鱼数量迅速减少的，是近现代出现的捕鲸炮等新型武器，以及人们对利益无尽的追逐。

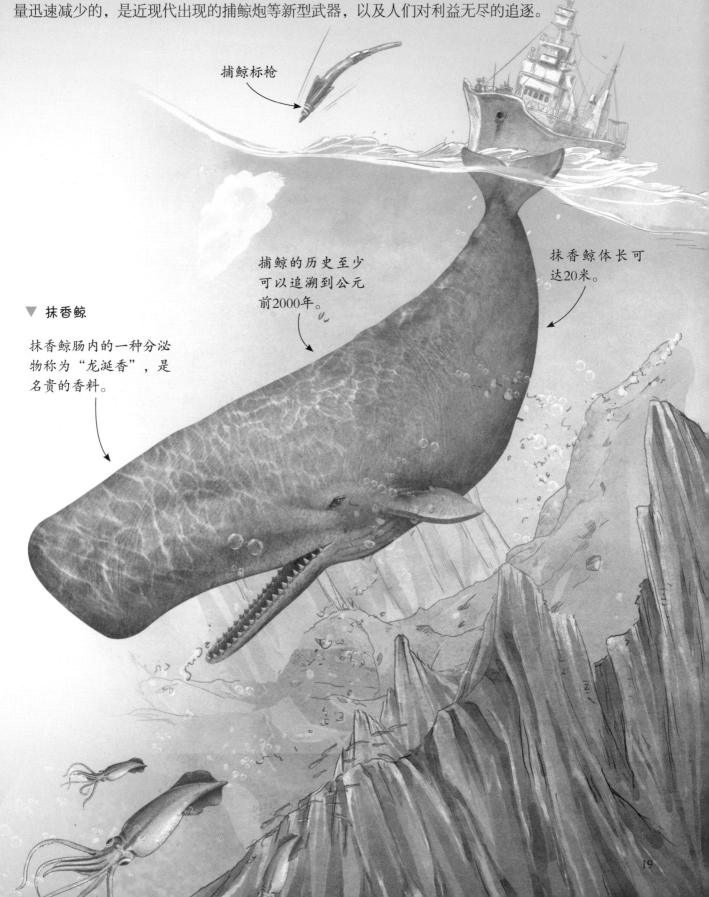

捕鲸标枪

捕鲸的历史至少可以追溯到公元前2000年。

抹香鲸体长可达20米。

▼ 抹香鲸

抹香鲸肠内的一种分泌物称为"龙涎香"，是名贵的香料。

冰川时代

我们把地球上非常寒冷的时期称为冰期，两个冰期之间相对比较温暖的时期称为间冰期。在冰期里，地球的温度极低，海洋和陆地全都覆盖着厚厚的冰层，许多生物都面临灭绝的危险。只有能够适应环境的物种才能幸存下来。

历史上的冰期

首先我们来明确一件事情——广义上的冰期指的是大冰期，而狭义上的冰期则指的是比大冰期低一层次的冰期。它们有什么区别呢？

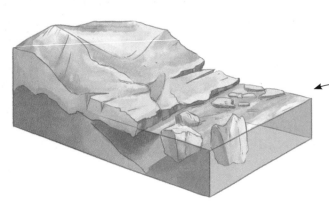

▲ 冰川

冰期

狭义的冰期与间冰期都发生在大冰期内，二者交替出现，代表大冰期内的冷暖交替。大冰期中，气候比较寒冷的时期叫"冰期"，此时全球气温降低，冰川向赤道扩张；冰期与冰期之间的时期是间冰期，此时全球气温升高，冰川向两极地区退缩，但不会完全消失。严格来讲，我们正处在第四纪大冰期的间冰期中。

距今1.1万年前，地球进入了间冰期，一直持续到现在。

休伦冰期

休伦冰期出现在距今 23 亿年左右，持续了将近 3 亿年，是地球经历的最漫长的大冰期。据研究推测，休伦冰期的成因可能是大氧化事件——蓝细菌吸收二氧化碳，释放了大量的氧气，原始大气中的另一温室气体甲烷也被氧化，令地球温室效应减弱，急剧降温，地球渐渐进入寒冷的冰期，被冻成一个大雪球。

冰期期间，许多生物因寒冷而死亡。

成冰纪冰期

成冰纪冰期发生在 8.5 亿~6.35 亿年前。那时，地球上的海洋全部结冰，到处是冰川，连赤道上都是冰盖，整个地球变成一个白色的"雪球"。如此可怕的寒冷持续了两亿多年。因火山不断爆发喷出二氧化碳，地球才走出冰封，重新迎来温暖。

▶ 冰期的"雪球地球"

没有温室气体保暖，地球急剧降温。

地球包裹着厚厚的冰层。

冰期时，地球变成一个大雪球。

地球广泛覆盖着冰盖与冰川。

▼ 冰川时期的猛犸象

猛犸象生活在北半球的第四纪大冰期。

猛犸象身披长毛，可抵御严寒。

23

安第萨哈拉冰期

安第萨哈拉冰期出现于约4.6亿年前，持续时间相较其他大冰期较短。这个时期全球温度下降，冰川使大气环流和环洋变冷，海平面骤然下降，改变了生物的生存环境，沿海生物圈被严重破坏，最终导致大量物种灭绝。也是在这一时期，复杂的海洋生物开始进化了。

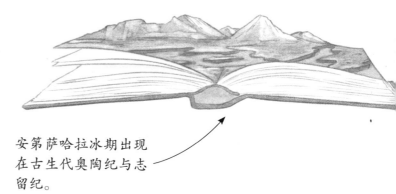

▼ 安第萨哈拉冰期

安第萨哈拉冰期出现在古生代奥陶纪与志留纪。

由于地球表面的大部分水是冰，所以降水很少。

大量水体转移到冰盖中。

▲ 更新世冰期

卡鲁冰期

卡鲁冰期出现于约3.6亿~2.6亿年前，因南非卡鲁地区发现的冰盖证据而得名。研究发现，卡鲁冰期的成因可能是此前的泥盆纪植物增长迅速，地球的氧含量大幅度增高，二氧化碳随之减少，地球气温不断下降。

▼ 冰川期的地球

第四纪冰期

大约在人类诞生的同一时期，第四纪冰期悄然开始了。在此次大冰期中，地球处于冰期与间冰期交替出现的循环状态。目前，地球上仍然处于第四纪冰期的间冰期，冰盖仅存于南极洲、格陵兰岛以及巴芬岛等地。一旦冰期重新袭来，我们都将面临严峻的考验。

▼ 冰期造成了陆地与海洋生物的大量灭绝

大冰期内，气候冷暖
交替，冰盖规模随之
扩展和退缩。

直壳鹦鹉螺曾是
奥陶纪海洋中的
顶级掠食者。

奥陶纪生物
鹦鹉螺

克罗尔和阿加西斯

地球为什么每隔一段时间就会出现冰期呢？19 世纪 60 年代，英国的一些学术杂志收到了一些学术文章，这些文章的作者是克罗尔，内容是关于电力学和天文学方面的，其中有一篇文章提出，地球的轨道变化可能会导致冰期的出现和消退。

自学成才的克罗尔

克罗尔从小聪明好学，但因为家庭贫困，他十几岁就辍学了。之后，克罗尔做了很多工作。一个偶然的机会，他来到一所大学里工作，这给了他很好的学习机会。晚上结束工作后，他便悄悄来到图书馆看书，自学物理学、天文学、数学等学科。随着知识的逐渐积累，他开始撰写一些论文，发表自己的见解。

在成为科学家之前，克罗尔做过木匠、保险推销员、门卫等。

▲ 正在钻研的克罗尔

▼ 克罗尔提出地球运行轨道与冰期的关系

在克罗尔之前，没有人从天文学角度解释地球天气的变化。

克罗尔的观点

1864 年，克罗尔在科学期刊《哲学杂志》上发表了一篇论文。他在论文中提出，地球的运行轨道并不是一成不变的，它是先从椭圆形变成接近圆形，然后再变回椭圆形，这可能是导致冰期周期性地出现又消退的原因。

阿加西斯

阿加西斯是瑞士地质学家。之前人们发现瑞士平原上有一些来历不明的巨石，地质学之父赫顿认为这也许是大规模冰川作用的结果。一些瑞士科学家经过实地考察，认为这些巨石就是被活动的冰川挟带到那里去的。阿加西斯是这种理论的坚定支持者。为了寻找更多的证据，阿加西斯出发去做野外调查，在包括赤道附近的许多地方都发现了冰川留下的痕迹。最后，阿西加斯得出结论——地球曾经历过极寒的冰期。虽然没有直接证据支持这个观点，但克罗尔的论文让事情有了转机，许多人开始接受地球曾处于冰期的观点。

阿加西斯是瑞士人，后来加入了美国国籍。

▶ 阿加西斯的研究受到了美国学术界的推崇

对不上的日期

克罗尔经过研究，算出了最后一次冰期的时间大约是在8万年前。这时，地质学领域不断发现的证据表明，地球在至少比8万年近得多的时间里也发生了一次冰期。这和克罗尔推算出的日期完全对不上，人们一时间不知道该相信谁。如果找不到冰期产生的真正原因和确切的时间，阿加西斯的理论也很难站稳脚跟。因此，在阿加西斯去世几年后，冰川作用的理论就不那么流行了。

▼ 冰期的地球

米兰柯维奇的计算

时间进入 20 世纪，科学界发生了翻天覆地的变化，我们对地球气候的了解也在学者米兰柯维奇的努力下有了进展。

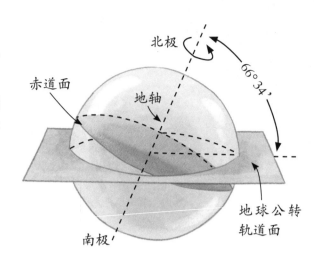

▶ 地球的自转轨道平面与公转轨道面

把问题想得太简单

米兰柯维奇原本是一名机械工程师，虽然从事着和天文一点都不相关的职业，但他却对天体运动和地球气候有着浓厚的兴趣。通过自主研究，他发现克罗尔的理论并没错，只是他把地球运动想得太过简单了。地球在围绕着太阳运转时，不仅轨道长度和形状会发生变化，它朝向太阳的角度也会发生周期性变化，这些都影响了阳光照射在地球上的时长和强度。

坚持不懈地计算

米兰柯维奇开始对此展开深入研究。最早，他只是在工作之余进行计算，但不巧的是，1914 年第一次世界大战爆发，作为塞尔维亚的后备军人，米兰柯维奇在战争中被俘虏了。他被软禁在布达佩斯，但看管并不严格，因此他得以有大量时间在图书馆继续自己的计算。经过坚持不懈地计算，米兰柯维奇终于取得了不错的进展。

终于找到了原因

米兰柯维奇通过严密地计算，终于找到了冰期出现的原因。他认为地球受到的太阳辐射的变化与地球出现冰期的周期相吻合，而影响太阳对地球辐射的就是地球运行轨道的三个变量，它们分别是地球公转轨道偏心率、黄赤交角和地球的岁差。

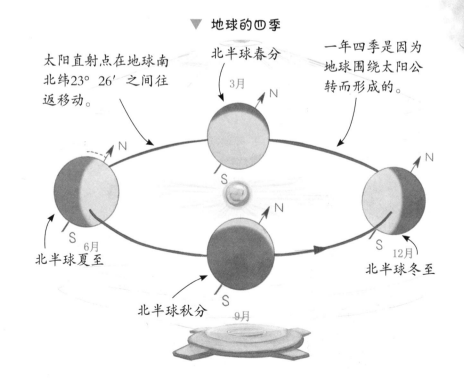

▼ 地球的四季

太阳直射点在地球南北纬23° 26′之间往返移动。

北半球春分 3月

一年四季是因为地球围绕太阳公转而形成的。

北半球夏至 6月

北半球冬至 12月

北半球秋分 9月

米兰科维奇的计算
对地球未来气候进
行了预测。

正在计算的米兰柯维奇

米兰柯维奇

米兰科维奇是杰出的
地球物理学家。

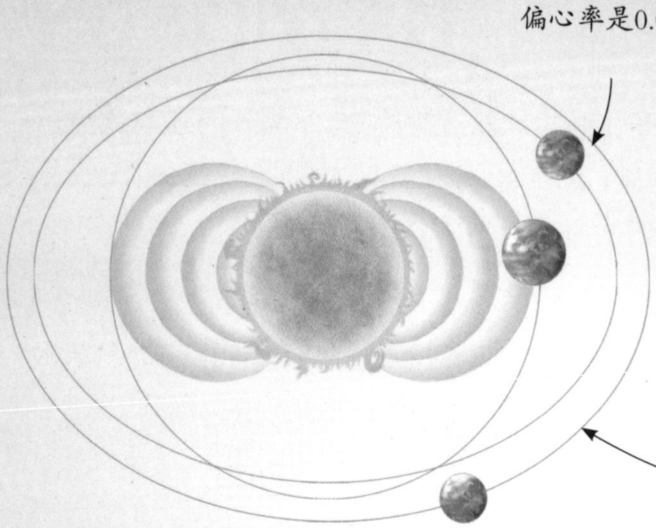

▼ 地球的公转

目前地球公转轨道偏心率是0.0167。

地球公转轨道偏心率是不断变化的。

地球公转轨道偏心率

地球的公转轨道是一个椭圆，并且在不断发生周期性变化。偏心率可以说明这个椭圆是更圆还是更扁。偏心率高时，椭圆更扁，地球能接收到更多的辐射。偏心率低时，椭圆更圆，地球接收到的辐射更少。当偏心率为0，那就是一个正圆了。

黄赤交角

地球在绕着地轴自转的同时，也围绕着太阳公转。地球绕太阳公转的轨道所形成的平面叫"黄道面"，它与赤道面形成了一个夹角，称为"黄赤交角"。黄赤交角越大，冬季和夏季的温差越大。当年平均日射率最小时，低纬地区处于寒冷状态，有利于冰川生成。

地轴

赤道平面

公转轨道面

23°26'

▼ 老师为同学们讲述地球旋转的知识

岁差

岁差是指恒星年与回归年的时差。地球在围绕太阳进行公转的时候，自转轴的方向并不是一成不变的，这就导致春分点在黄道上的位置每年都会有所移动。这样一来，太阳两次经过春分点的时长就会比恒星年要略短一些。

恒星年与回归年

恒星年指的是地球绕太阳一周的平均周期，一个恒星年为 365 日 6 时 9 分 10 秒。

回归年则以太阳为参照物，指的是太阳连续两次通过春分点的时间间隔，也叫"太阳年"，是公历一年的时间长度。

看不懂也没关系

如果看完这些你还不太理解，那也没关系，你只需要知道米兰柯维奇证明了"地球运动轨道发生变化，改变了太阳对地球的辐射量，从而使地球出现冰期和间冰期的循环"这个结论就足够了。正是由于米兰柯维奇的努力，我们终于找到了冰期产生的原因。

▼ 米兰柯维奇

米兰柯维奇认为偏心率、黄赤交角和岁差与冰期的形成有关。

冰川时代

电影《冰川时代》中，一颗松果引起了地球板块的变化。影片还绘声绘色地描述了冰期时地球的模样。你是否好奇，现实世界里的冰期也像动画片一样吗？

凉爽的夏季惹了祸

冰期的出现并不是因为寒冷的冬季，而是由凉快的夏季导致的。因为黑色吸收阳光的能力最强，而白色反射阳光的能力最强，所以假如某地的夏天地面上仍有积雪，阳光就会被白色的雪大量反射回去，这样就会导致雪下得更多。随着积雪不断积累成冰，整个地区就会更加寒冷，这样的恶性循环一直持续下去，冰期就到来了！

冰川时代的生活

如果你看过电影《冰川时代》，就会知道，能在冰期活下来的都是长着毛发的动物，它们要艰难地寻找食物，一枚小小的松果都极为珍贵。因为冰川会移动，所以如果想到别处去寻找食物，可以搭个"顺风冰"。但要注意，冰川的移动是随机的，也许一觉醒来，就不知道自己身在何处了。

▼ 移动的冰川

许多冰川都在以缓慢的速度移动着。

在重力作用下,冰川会从高处向低处缓慢移动。

假如冰期卷土重来

我们可以想象一下，假如冰期卷土重来，陆地上重新被冰层覆盖，你的附近都是几百米高的冰墙，看向哪儿都是一望无际的冰盖，偶尔有几座垂直刺向天空的冰峰，周围寂静得可怕，只有呼啸的寒风从耳边刮过；你没有动物的厚毛发，只会被冻得浑身发僵、发抖。那时，你会有怎样的感受？估计心中只剩下恐惧感和无力感了。

▼ 假如冰期到来

假如冰期再次到来，生物还会大规模灭绝。

如果冰期到来，我们可能会与北极熊生活在同一片大陆上。

气候变化

以前，我们一直以为地球在进入冰期或者间冰期的时候，会有一个长达数十万年的适应期。后来，随着科学家们对冰期的了解越来越深入，我们发现并不是这样的。地球几乎会立马进入冰期或间冰期，并没有什么适应期。

▲ 冰川正在融化

温度突然攀升

大冰期并非一直都是寒冷的，它一直处在冰期和间冰期的循环之中。在冰期，地球的气候严寒，哪里都覆盖着冰层。当冰期即将结束，气候会突然快速回暖，很快就进入间冰期。

猛犸象可能是因为人类的猎杀而灭绝。

在间冰期，猛犸象和智人曾共存在一块大陆上。

原始人会合作对抗猛犸象。

温暖的间冰期

相对于冰期而言，间冰期对生活在地球上的生物就友好得多了。对我们人类来说，它更是至关重要，人类历史的进展都是在这段时间完成的。不过也别高兴太早，上一次间冰期只持续了约8000年，而我们正在经历的这次间冰期已经过去了1万年，我们无法确定它还能持续多久。

▼ 向外星发射信号

在冰期再次到来前，人类能移居外星球吗？

全球变暖

地球终将再次迎来冰期，与此同时，我们经常听到"全球变暖"这个词语。人类的活动向空中排放了过多的温室气体，造成了冰川的融化。如果两极地区所有的冰盖都融化了，海平面可能会上升大约70米。到那时，世界上多数沿海城市都将不复存在。

冰期来袭？

近年来，温室效应加剧，地球的平均气温升高。有些科学家认为全球变暖是由人为因素导致的短暂气候变化，与地史上的冷暖变化相比是极其微小的，它会在短期内影响人类的正常生活，但是无法阻挡冰期的到来。

▼ 被海水淹没的城市

由于温度升高和气候变化，全球冰川会加速融化，海平面会上升。

沿海的许多城市将被海水淹没。

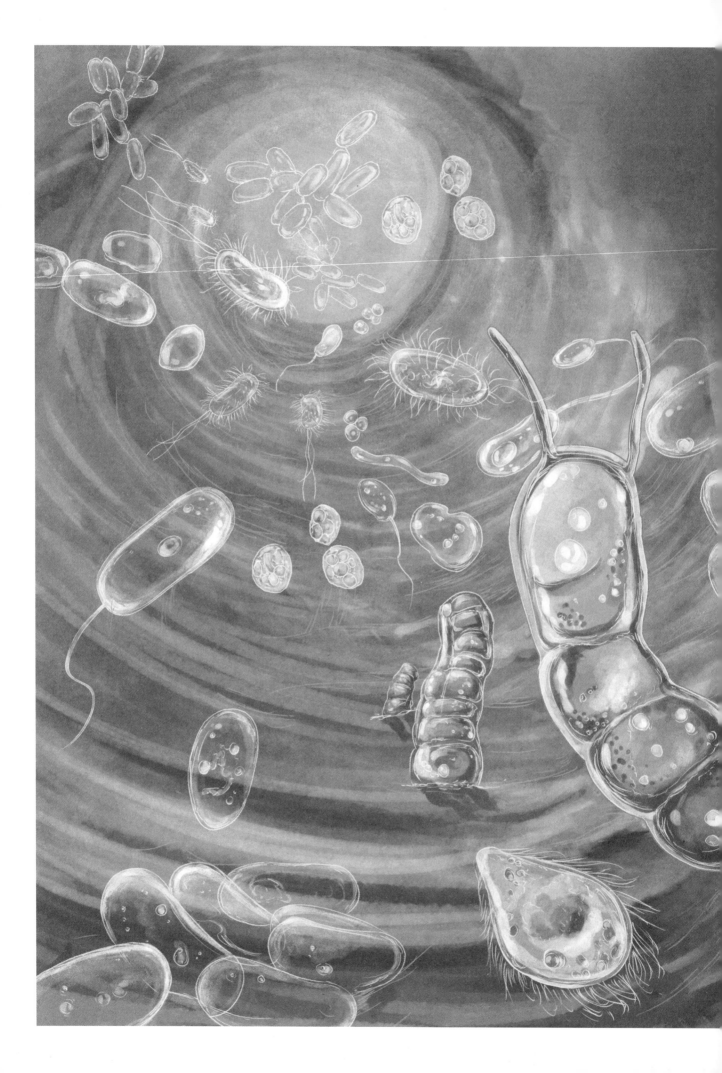

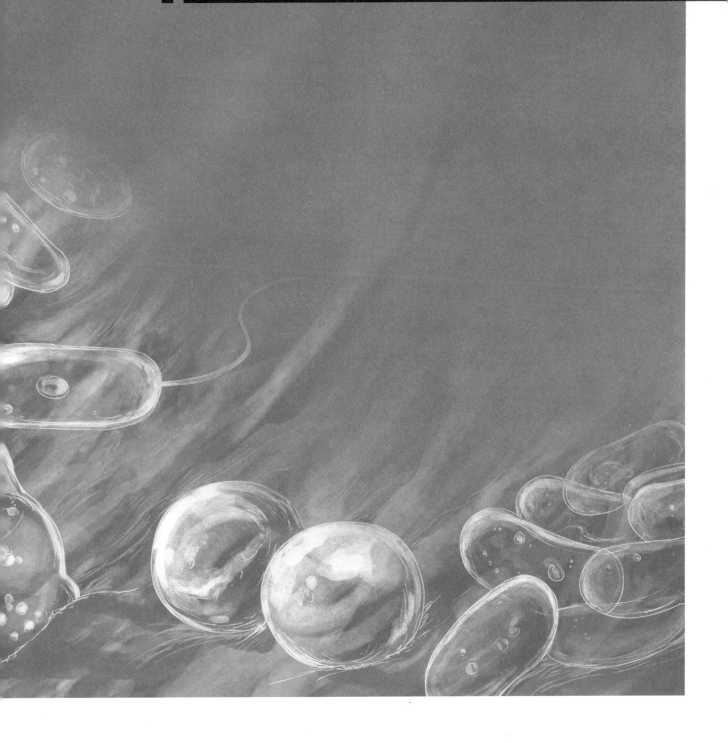

第三章 生命的起源

地球上目前大约有 150 多万种动物、40 多万种植物，以及数不胜数的微生物。这些是由什么构成的？科学家们经过研究发现，生活在地球上的动植物都是由细胞组成的。那么，我们不禁要问，细胞最初是从哪里来的？地球上的生命又是怎样演化的？

原始地球

生命的出现发生在地球诞生几亿年之后，这个过程并不是一帆风顺的，其间经历了无比漫长而艰辛的演变。

最初的地球

大约在几十亿年前，宇宙中有一团气体尘埃云在引力收缩作用下，形成了原始的太阳系。又过了几亿年，太阳系中分离出的星云团块相互碰撞、彼此结合，逐渐形成原始的地球。刚刚诞生的地球环境非常糟糕，既没有陆地，也没有海洋和大气层，各种各样的物质混杂在一起，一片混沌，当然也不会有生命。

有一种理论认为，地球上的水是由彗星带来的。

大气层的形成

当时的太阳系非常混乱，各种天体间经常会发生惨烈的"车祸"。幼小的地球持续受到彗星、陨石等天体的无情撞击，但也因此得到了水资源。地球内部又火山爆发不断，产生的气体被源源不断地释放出来，慢慢升到空中。这些气体在地心引力的作用下环绕在地球周围，形成原始的大气层。

▼ 地球形成早期，彗星撞向地球

在地球形成之初，并没有生命存在。

地形的变化

　　随着时间的流逝，来自各种天体的撞击开始减少，原始地球不再炽热，逐渐冷却下来。在冷却硬化的过程中，地壳不断地受到地球内部剧烈运动的冲击和挤压，因此变得凹凸不平。经过冷却定形之后，地球表面布满褶皱，形成了高山、平原、河床、海盆等各种地形。

火山爆发，大量气体释放。

▶ 火山爆发与海洋形成

原始大气层形成。

大雨降落，形成原始海洋。

海洋的诞生

　　在诞生后的很长一段时间里，整个地球都笼罩在密布的乌云中。随着地壳冷却，大气温度也慢慢降低，水气在尘埃与火山灰的作用下凝结起来，越积越多，直到形成了一场持续很久的降雨。滔滔的洪水通过千川万壑，汇集成巨大的水体流向一处，最终形成了原始海洋。

火山爆发

▲ 从炽热的原始地球到遍布海洋的蓝色星球

39

生命的起步

地球诞生后，经过几亿年，最早的生命从原始海洋里诞生了。

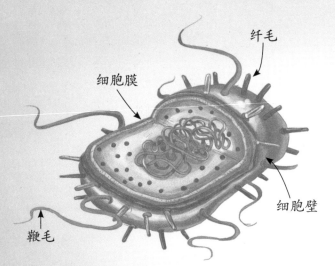

纤毛

细胞膜

细胞壁

鞭毛

◀ 原核细胞

艰难的开始

最初的生命是在一个艰难的环境中诞生的：天空不断放电，大气中没有氧气，火山不断喷出有毒气体，太阳无情地辐射能量……可是，这些灾害没能阻挡生命的形成。地球上最古老的生物是如何出现的，这个问题科学界至今仍众说纷纭。

最早的生物

地球上最早的生物是原核生物。原核生物包括细菌、蓝细菌等，它们都是低等的单细胞生物，没有细胞核，也没有核膜，其遗传物质脱氧核糖核酸（DNA）松散地悬浮在细胞内部。细菌用 DNA 储存遗传密码，通过分裂进行自我繁殖并快速地共享遗传信息。在很长一段时间里，它们都是地球上唯一的生命形式。

细菌的食物

当地球有了基本的岩石圈、水圈和大气圈以后，地球的环境逐步稳定。此时，更多的细菌和古生菌出现了，它们努力地"吃东西"、努力地进化，想在地球上更好地生存下去。氢就是某些细菌最初的食物之一。

原核生物没有细胞核。

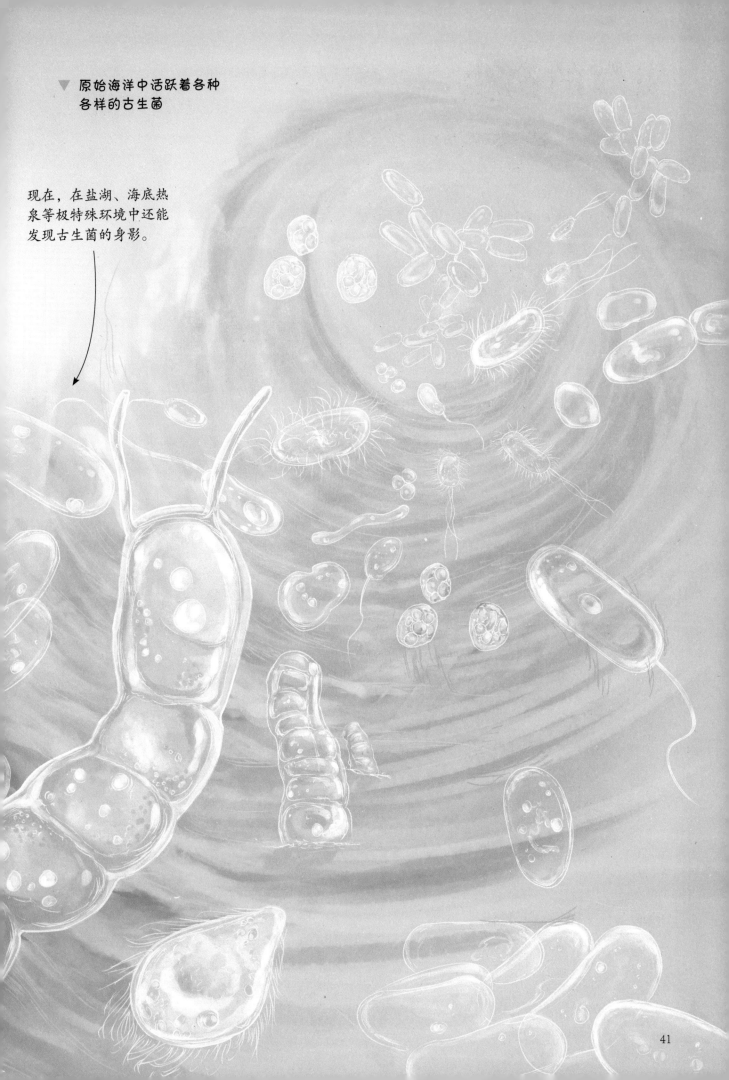

▼ 原始海洋中活跃着各种
　各样的古生菌

现在，在盐湖、海底热
泉等极特殊环境中还能
发现古生菌的身影。

41

氧气的产生

氧气对生命的诞生和演变具有重要意义，而氧气的产生与细菌有着直接的关系。在地球的早期历史中，原始光合细菌通过光合作用产生了氧气，这一过程对当时的生物界产生了深远的影响。

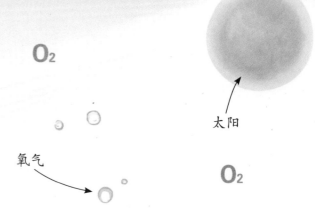

O_2

氧气

太阳

O_2

O_2

神奇的光合作用

在地球出现生命之后，又过了漫长的几亿年，蓝细菌开始利用太阳光获取能量，并在这个过程中释放出氧气。有了巨大的生存优势，蓝细菌开始在海洋中肆意繁殖，地球上也因此充斥着氧气。

有毒的氧气

人类不能离开氧气，否则就会在短时间里窒息死亡。但对于地球上的早期生物来说，大量氧气的存在并不是一件好事。因为当时的生物根本不需要氧气，氧气对它们来说甚至是有毒的。由于蓝细菌长期释放氧气，导致大气中氧气的浓度骤升，造成大量早期生物灭绝。不过，这也正是生命演化中的关键节点。

O_2

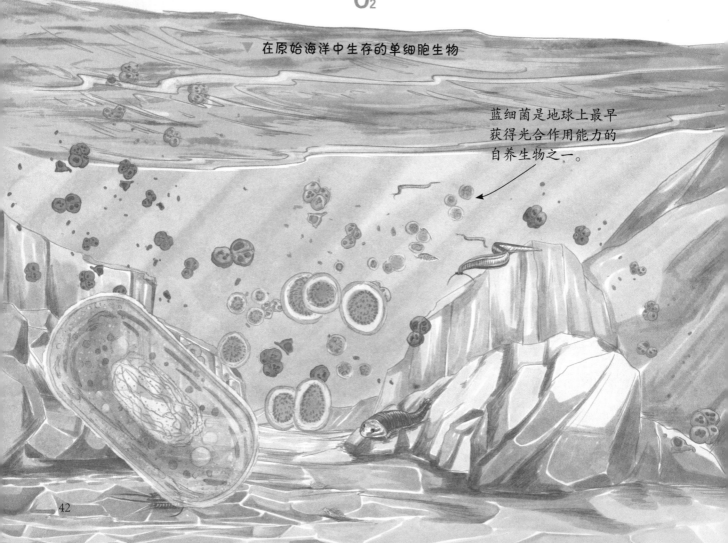

▼在原始海洋中生存的单细胞生物

蓝细菌是地球上最早获得光合作用能力的自养生物之一。

臭氧层形成

随着氧气的大量生成，大气中的氧在地球周围创造了一层臭氧层。臭氧层能保护复杂生命体免受阳光紫外线的伤害，对生命的进化起着至关重要的作用。我们要感谢臭氧层的保护作用，没有它，复杂的生物就不会进化出来了。

登上陆地

海洋中的生命经过漫长的演化，向陆地发起挑战。数亿年前，某种绿藻成功战胜干旱的环境，登上陆地，进化为陆生植物的祖先。从此以后，地球慢慢变绿，陆生植物开始支撑起整个陆生动物系统，包括人类。

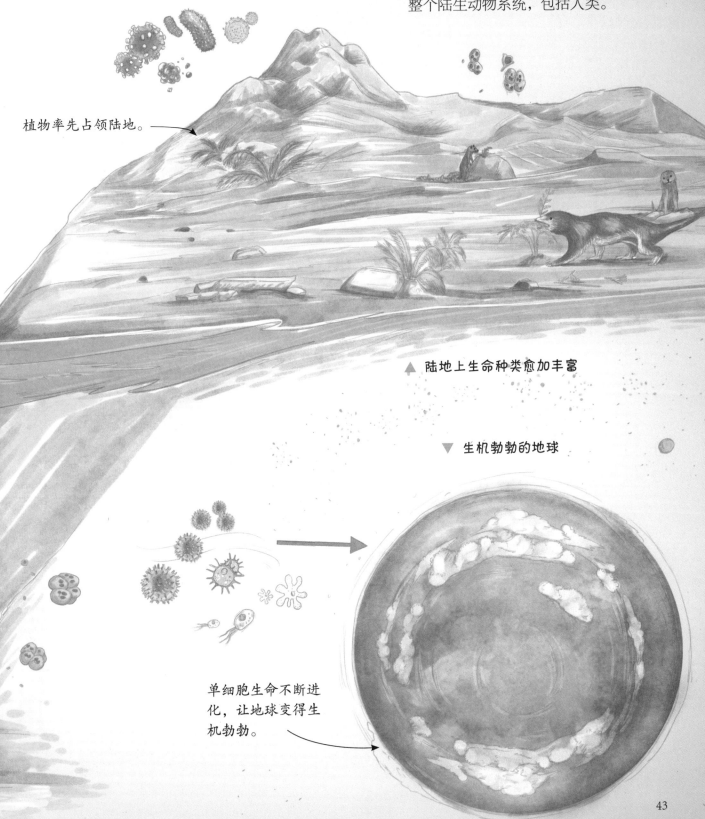

植物率先占领陆地。

▲ 陆地上生命种类愈加丰富

▼ 生机勃勃的地球

单细胞生命不断进化，让地球变得生机勃勃。

真核生物横空出世

在漫长的时间里，地球上只有原核生物这么一种简单的生命形式。想进化出更多的物种，地球必须静静等待条件成熟，到时，生命演化的进程便会迅速加快。

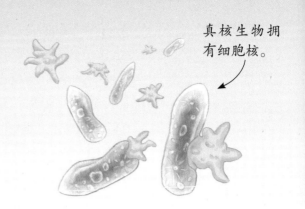

▼ 真核生物

真核生物拥有细胞核。

捕食者现身

经过漫长的进化，一些单细胞捕食者出现了。这些捕食者开始通过吃掉其他细胞来生存，驱使单细胞生物进化成多细胞生物。这是一个至关重要的突破，对生态系统的演化产生了深远的影响。

真核生物的出现

在大氧化事件之后，一种全新的生物——真核生物出现了。真核生物由真核细胞构成。真核细胞的核膜包围其 DNA，使 DNA 的结构和数量更易保持稳定，所以真核生物在进化上更具有优势，也更适合生存。

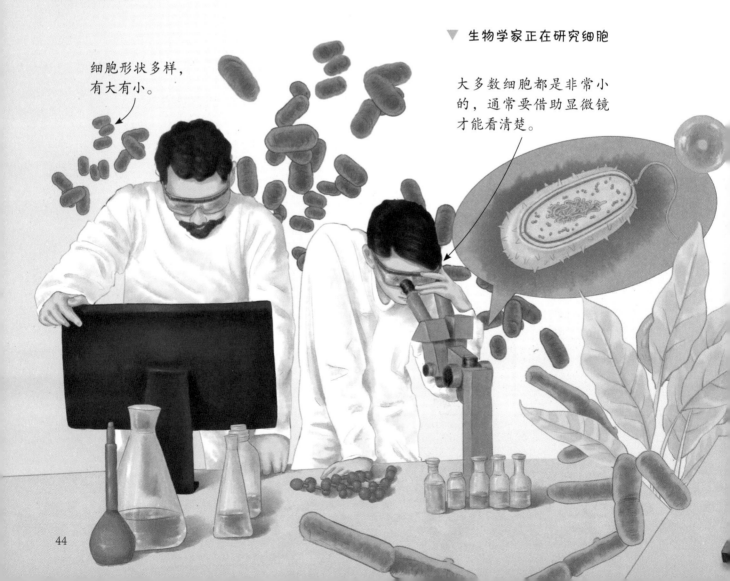

▼ 生物学家正在研究细胞

细胞形状多样，有大有小。

大多数细胞都是非常小的，通常要借助显微镜才能看清楚。

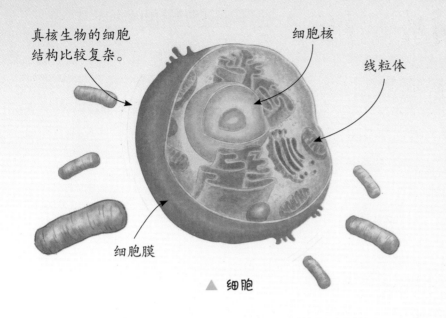

真核生物的细胞
结构比较复杂。

细胞核

线粒体

细胞膜

▲ 细胞

把氧气变成能量

真核生物的细胞里有一个不起眼的部分，它可以将氧气转化成能量，这个部分就是线粒体。线粒体是真核生物的"动力室"，能利用氧气把食物分子转变成细胞可利用的能量。

小小线粒体

线粒体非常小，但它的作用非常大。如果没有它，今天的地球就不会有高等生命的存在。即便是此刻，我们体内的线粒体依然在一刻不停地消耗氧气，为我们提供能量。线粒体的出现使生物个体能够在地球的有氧大气中生存，也使复杂生命的出现成为可能。

线粒体是有氧呼吸产生能量的主要场所。

▼ 线粒体是复杂生命进化的关键

细菌的作用

我们的身边到处都是细菌，它们微小到肉眼看不见。不过，细菌作为地球上最古老的生物，在很多方面扮演着主导者的角色。

无处不在的细菌

你可以低头看看自己的手，表面上看着挺干净，但其实上面有很多细菌。不仅如此，你的身体内外以及周围的各处都充满着细菌。细菌存在于人的皮肤上，也存在于人的消化系统里。不同的细菌负责不同的任务，有的负责分解糖，有的负责处理淀粉，有的则负责守护自己的领地。

氧气的形成离不开细菌。

细菌为人类提供了强大的免疫力。

我们的周围分布着不计其数的细菌。

氧气的由来

为了我们的生存，细菌可谓殚精竭虑。我们所呼吸的氧气就有一部分是细菌的杰作。有些细菌掌握了光合作用，可以向大气释放氧。在那个除了细菌什么生物都没有的远古世界里，是细菌创造了地球上的大部分氧。

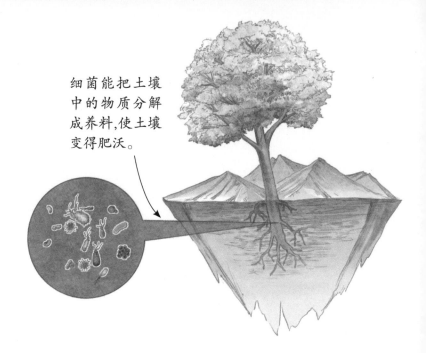

细菌能把土壤中的物质分解成养料，使土壤变得肥沃。

▲ 细菌让土壤更肥沃

细菌会不会灭绝

一些有害的细菌会对我们的身体造成伤害，因此人类发明了抗生素和杀菌剂来杀死它们。如此下去，细菌会不会有一天被人类彻底消灭？别天真了，细菌才不会被我们消灭！人类离开细菌会无法生存，细菌离开人类依然能生活得很好。再过几十亿年，即使人类已经不在这个星球上了，恐怕它们仍在这里坚守。因此，从某种意义上来说，地球也是细菌的星球。

▼ 用药物杀死细菌

◀ 细菌遍布世界

人类与细菌共生。

细菌的辛勤劳动

地球诞生之后，细菌率先出现；人类出现以后，细菌又成为人类生活的重要组成部分，在人类的生活中发挥着重要的作用。

平日里，细菌除了维持我们身体的正常运转，还能净化水源、使土壤变肥沃、分解我们丢弃的废料等。如果没有细菌的辛勤劳动，我们的生活一定会变得一团糟。

在缺氧、高酸、碱性的极端地区也生活着细菌。

细菌的繁殖

细菌拥有极其强大的繁殖能力，有些细菌可以用不到 10 分钟的时间就产生出新的一代。

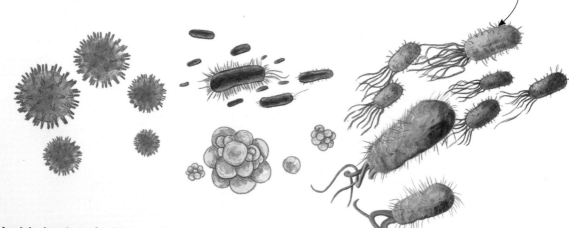

细菌的大小、形状多种多样。

▲ 各种各样的细菌

强大的超级生物

细菌是可以共享信息的，任何细菌都能从别的细菌那里得到遗传信息。在细菌的世界里，如果一个区域发生了一些适应性的变化，在短时间内，这种变化就可以扩展到其他区域。从遗传学角度来看，细菌已经成为一种强大的超级生物。

生活在地球内部

地球内部同样生存着大量的细菌，它们以铁、硫等元素为食。有科学家认为，生活在地球内部的细菌数量极多，加起来可能达到 100 亿吨。

世界上各种极端环境中都有细菌生存

火山口附近生活着许多氧化硫杆菌。

天赋异禀的生存能力

细菌不仅在传递信息方面独具天赋，其生存能力同样强大到令人瞠目结舌。有的细菌能生活在沸腾的泥潭里、岩石深处、大洋底部、火山口等地，几乎没有什么环境是细菌无法生存的。

超级懒的细菌

相比地面上勤快的细菌，生活在地球内部的细菌简直懒到家了。可能过了一个多世纪，这些细菌才会分裂一次。

▼ 地球内部的细菌

地层深处几乎没有气体形态的氧，但也有细菌生存。

▼ 细菌的分裂

细菌的繁殖是通过细胞分裂完成的。

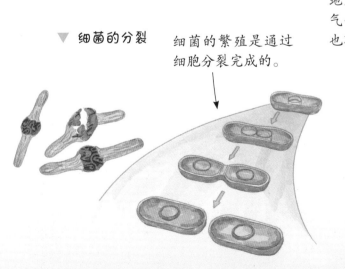

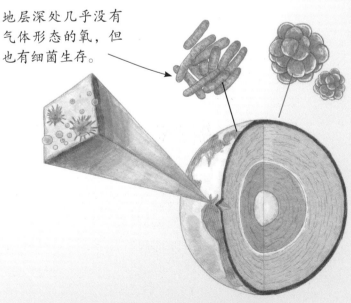

49

细菌的传播

在现实生活中，大部分人一提到细菌就会心有余悸，脑海里想到的都是由细菌引起的各种疾病。其实，大部分细菌对我们都是有益的，只有很少一部分会害我们生病。

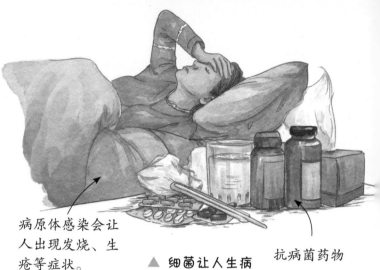

病原体感染会让人出现发烧、生疮等症状。

▲ 细菌让人生病

抗病菌药物

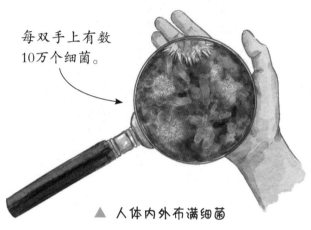

每双手上有数10万个细菌。

▲ 人体内外布满细菌

让人类生病

如果被细菌感染后不及时医治，后果会非常严重。有些细菌有特定的感染对象，可能只感染无脊椎动物，而对人类等脊椎动物无害。除了极个别细菌，大部分的细菌对我们一点儿害处都没有。

病原体的传播

可以造成生物感染疾病的微生物、寄生虫或其他媒介称为"病原体"。病原体的传播方式可谓五花八门，如通过我们打喷嚏或者咳嗽传播，通过污染水源、食物传播，通过血液、体液传播等。

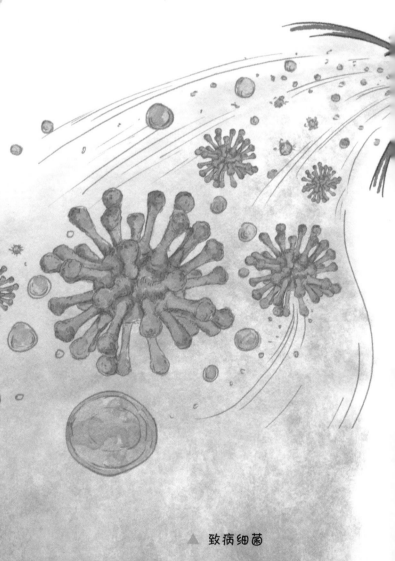

▲ 致病细菌

免疫系统的反抗

有时候生病了不舒服，并不是细菌直接作用于我们的身体引起的，而是因为我们的身体想反抗细菌。当我们的免疫系统发现病菌后，会立刻与它们战斗。这样的战斗有时会摧毁我们的细胞，有时还可能会破坏更重要的组织。因此，当你觉得身体非常不舒服的时候，也许不是病菌的作用，而是自身免疫系统产生的反应。

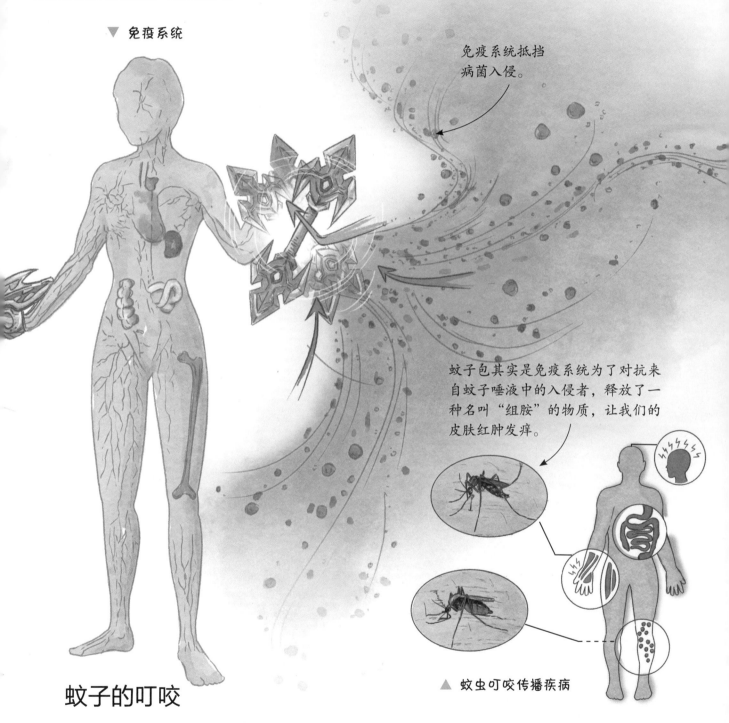

▼ 免疫系统

免疫系统抵挡病菌入侵。

蚊子包其实是免疫系统为了对抗来自蚊子唾液中的入侵者，释放了一种名叫"组胺"的物质，让我们的皮肤红肿发痒。

▲ 蚊虫叮咬传播疾病

蚊子的叮咬

夏天，蚊子肆意出没，整天在我们耳朵旁边嗡嗡地叫，还叮咬我们，非常讨人厌。但是病菌却非常喜欢它们，因为蚊子的刺可以将病菌直接送到我们的血液里面。如果病菌进入得太过迅速，我们身体的免疫系统没办法及时把它们杀死，病菌就会对我们的身体造成很大的伤害。疟疾、黄热病、脑炎等疾病都是由蚊子的叮咬引发的，很多人因此丧生。

身体的守卫者

人体很脆弱，外界有很多东西都可能对人体造成伤害。为了应对各种各样的危险，我们的身体准备了大量的"守卫者"——白细胞。

▼ 白细胞与病原体

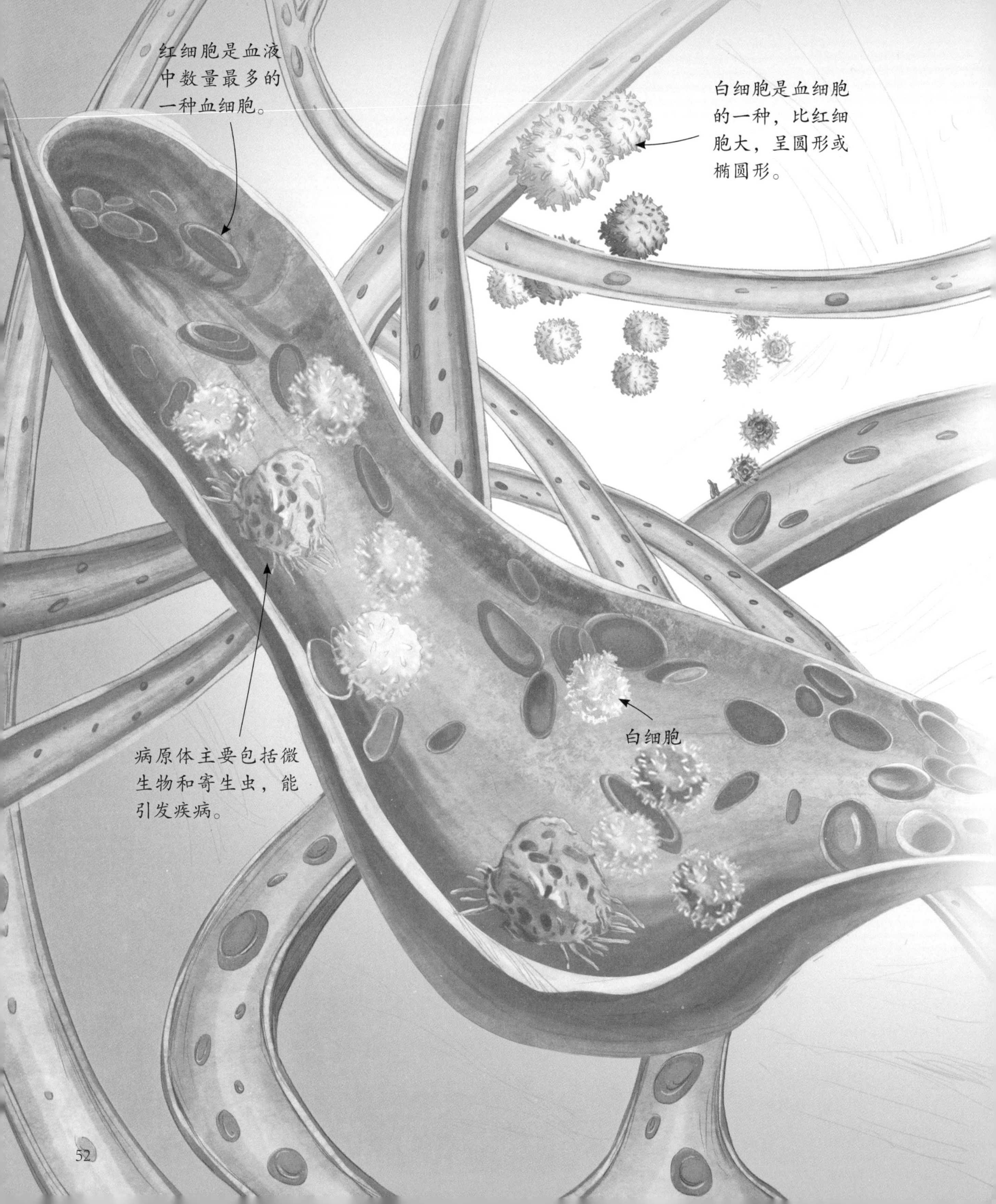

红细胞是血液中数量最多的一种血细胞。

白细胞是血细胞的一种，比红细胞大，呈圆形或椭圆形。

病原体主要包括微生物和寄生虫，能引发疾病。

白细胞

各种各样的白细胞

白细胞是人体与疾病斗争的卫士，一旦发现"入侵者"，它们就会勇敢地集中到病菌入侵部位，将病菌包围吞噬。白细胞可分为许多种，每种白细胞的职责都不同，有些负责识别特定的入侵者，有些则负责与其展开斗争并最终将其消灭。如果我们体内的白细胞的数量高于正常值，那很可能是身体有了炎症。

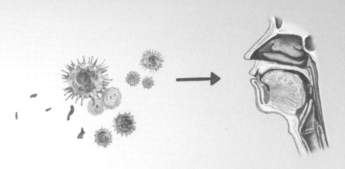

▲ 病毒侵入

▲ 生病

派出哨兵

为了及时发现人体里的病原体，维持人体的正常运转，每种白细胞会派出几名能干的"哨兵"，让它们四处巡逻。一旦发现来犯的病原体，它们就会迅速跑回去搬救兵。这时你可能会感觉很不舒服，因为你的身体正在大量制造抵抗部队。等这支部队排兵布阵投入战争后，你的身体就会渐渐康复了。

▼ 潜伏在细胞中的病原体

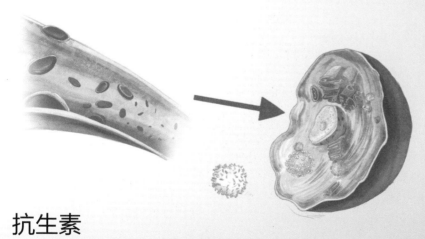

病原体的对策

病原体当然不会老老实实地被白细胞消灭，它们想到一些对策，比如快速地侵入，并以各种方式转移到新的寄主身上，常见的流行性感冒就是以这样的方式产生的。此外，病原体还会乔装改扮，骗过白细胞哨兵的巡查，然后找个隐蔽的地方藏匿起来等待机会。比如艾滋病病毒之类的人体免疫缺陷病毒，可以在细胞核里安静而无害地潜伏好几年。

抗生素

抗生素是抗菌药物，是对付细菌的有效武器。青霉素自20世纪初问世以来，拯救了无数生命。有些人一生病就吃抗生素，这可不行。抗生素可不能滥用，因为它在消灭细菌的同时，也会带来一些危害。另外，滥用抗生素或者剂量过大，可能会造成人体肝肾功能损伤。

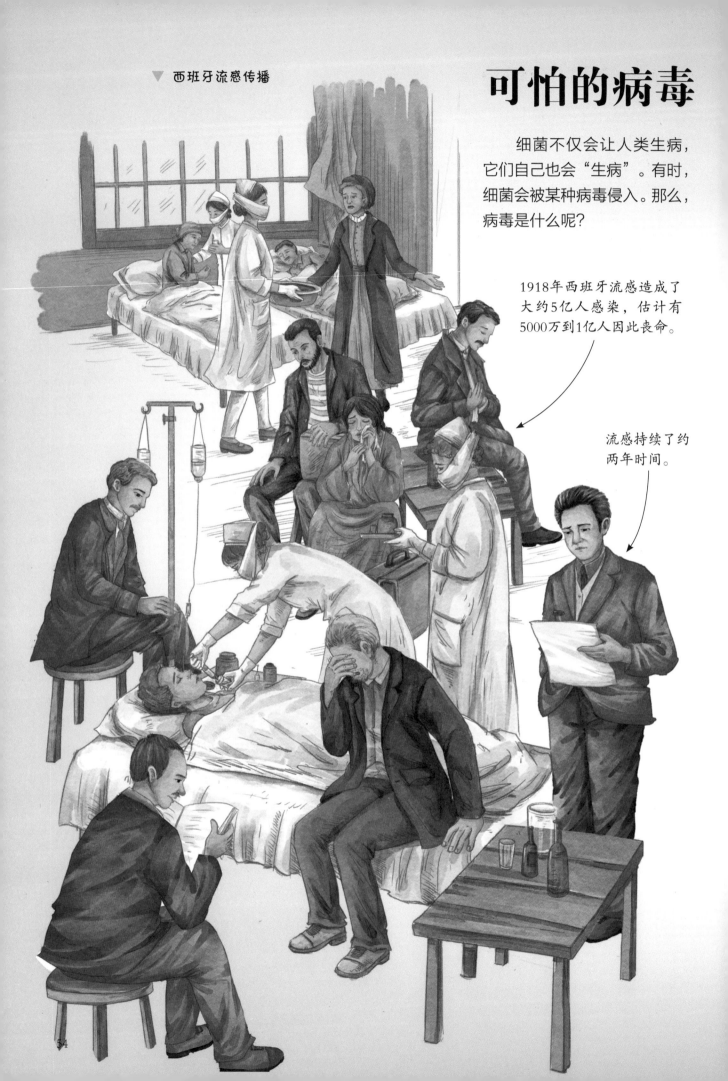

▼ 西班牙流感传播

可怕的病毒

细菌不仅会让人类生病，它们自己也会"生病"。有时，细菌会被某种病毒侵入。那么，病毒是什么呢？

1918年西班牙流感造成了大约5亿人感染，估计有5000万到1亿人因此丧命。

流感持续了约两年时间。

病毒的危害

病毒是一种比细菌更微小、只含有一种核酸、需要寄生在生物活细胞内的非细胞微生物。在独立状态下，病毒对我们并没有什么害处，但一旦它找到合适的寄主，它的生命活动就会开始，然后在寄主的身体里兴风作浪，不断增殖。目前已知的病毒有5000多种，我们可能会得的上百种疾病都是由它们引起的。

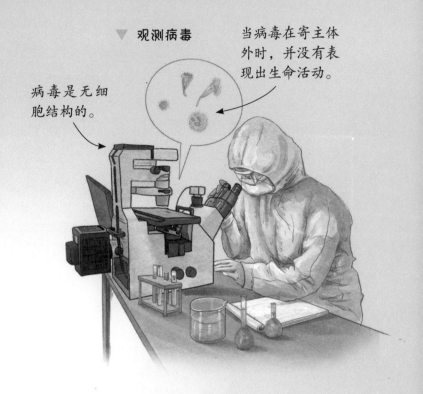

▼ 观测病毒

病毒是无细胞结构的。

当病毒在寄主体外时，并没有表现出生命活动。

西班牙流感

在众多病毒中，有一些流感病毒能以极快的速度进行大范围传播，甚至在全世界掀起轩然大波。比如1918年西班牙流感爆发，起初人们并没有太在意，觉得这只是普通感冒。但仅仅过了几个月，这种流感突然就像发生了变异，变得具有致命性。很多人患病后撑不了几天就死去了，欧洲到处弥漫着死亡的气息。

未解之谜

有时我们能幸运地躲过病毒的侵害，有时不幸没能躲过。可怕的病毒在不断产生，然后突然消失。谁也不知道它们是真的从这个世界上彻底消失了，还是悄悄隐藏在某个地方等待时机再次爆发。这是一个待解之谜。

冠状病毒

在显微镜下，外膜上有一个个棒状粒子突起，看着就像皇冠似的，这样的病毒叫冠状病毒。冠状病毒是个大家族，它们中的一些成员会引发传染性疾病，严重的会导致死亡。2019年底至2020年初爆发的疫情，就是新型冠状病毒在捣乱。

▼ 病毒来袭，做好防护工作

▼ 冠状病毒

感染病毒后，体内会产生抗体。

隔离

物种的演化

第四章

大约在 12 亿年前，多细胞生物出现了。多细胞生物由成千上万个细胞组成。大量细胞聚集在一起，有着不同的分工。地球在经过长达几十亿年的积淀后终于迎来了生命的大爆发！

生命大爆发

大约在 5.4 亿年前，地球正处于寒武纪，地球上的生命发生了一些显著的变化。生物界迎来了"春天"，大量多细胞生物在短短数千万年间爆发式地涌现出来……

第一次集体亮相

▲ **地质年代螺旋图**

在寒武纪之前的漫长时间里，地球上没有太多复杂的生命形式。但令人不可思议的是，在寒武纪早期，地球上突然涌现出复杂多样的生物形态。它们好像突然冒出来一样，争先恐后地出现在地球上。多种门类的生物第一次集体亮相，地球出现了繁荣热闹的景象，因此这一时期也被科学家们称为"寒武纪生命大爆发"。

三叶虫的起源要追溯到寒武纪最早期。

奇虾是寒武纪海洋中的掠食者。

三叶虫家族曾经十分繁盛。

怪诞虫

奥托亚虫是蠕虫家族的成员。

生命的华丽绽放

这是一次生命的华丽绽放，海绵动物、腕足动物、环节动物、棘皮动物以及脊索动物等动物门类相继出现。这些寒武纪动物中，有许多已经灭绝，比如查恩盘虫、奇虾、怪诞虫等；也有一些逃过了多次生物大灭绝，繁衍、演化到了今天，比如鹦鹉螺、钵水母、舌形贝等。

地球历史上的悬案

如今，我们能通过寒武纪地层中的化石来还原那时动物的模样，但令人奇怪的是，我们一直没有找到它们祖先的化石。这些动物究竟是怎么出现的？早在达尔文时代，人们就开始关注这一现象，地质学家和古生物学家为此困惑不已，但直到今日，依然没有找到确切答案。寒武纪生命大爆发因此成了古生物学和地质学上的一大悬案，被蒙上了一层神秘的色彩。

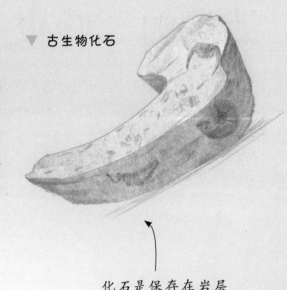

▼ 古生物化石

化石是保存在岩层或沉积物中的生物遗体和遗迹。

奇奇怪怪的动物

寒武纪的动物都长得非常奇怪。有一种叫作"多毛的柯林斯怪物"的动物，长着 30 条长腿，其中 18 条长着爪子的腿用来攻击，另外 12 条腿前后挥动用来捕获水中的营养物。还有一种叫"迷齿虫"的动物，身体软软的，环形的嘴长在腹部，嘴里是一圈像锉刀似的齿舌。

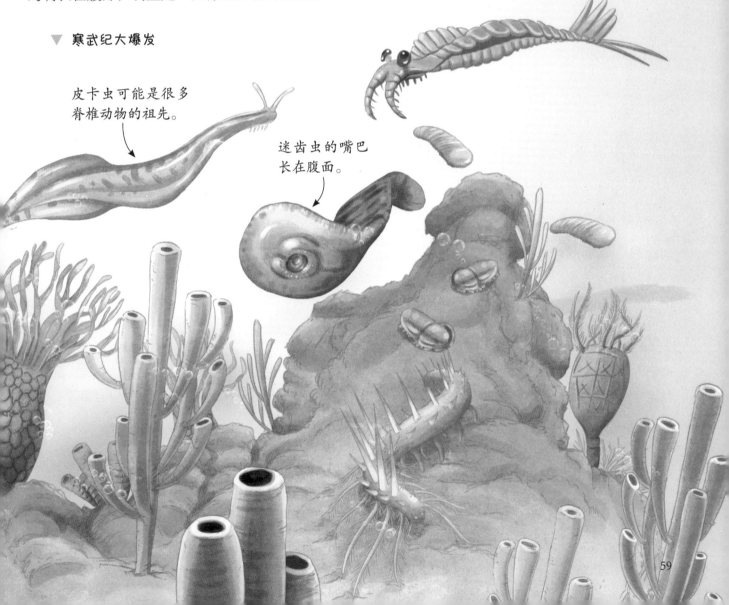

▼ 寒武纪大爆发

皮卡虫可能是很多脊椎动物的祖先。

迷齿虫的嘴巴长在腹面。

消失的三叶虫

三叶虫是寒武纪最具代表性的动物，它们一度霸占了当时的海洋，海洋里到处都是它们的身影。如今，三叶虫早已不复存在，我们只能从化石里看看它们的样子。

▶ 三叶虫化石

三叶虫和今天的昆虫、蜘蛛、虾蟹等同属于节肢动物。

如同羽毛一般的查恩海笔。

变成化石不容易

三叶虫曾充斥着整个海洋，被正式命名的就有 1 万多种，寒武纪也因此被称为"三叶虫的时代"。但是三叶虫留下的化石却少之又少。这是因为地球上只有很少一部分岩石可以保存化石，并且地球一直在运动，化石所在的沉积物很可能因此遭到挤压和推动，从而被破坏。此外，化石还要被有识之士发现才行，不然很可能会被当成破石头随意丢弃。

三叶虫的甲壳非常坚硬厚实。

三叶虫的身体结构

三叶虫的身体分为头、胸、尾三部分，头部的腹面有一对用来感觉、行动的触须，触须后面是用来摄食的口。有的三叶虫头上有一对眼，可以帮它们看清世界。它们坚硬的背甲大致分为三部分，分别是两侧的肋叶和中间的轴，类似垂直的三片叶。三叶虫形状各异，但唯一不变的是，不管横看还是竖看，它们都有"三叶"，因此得名三叶虫。

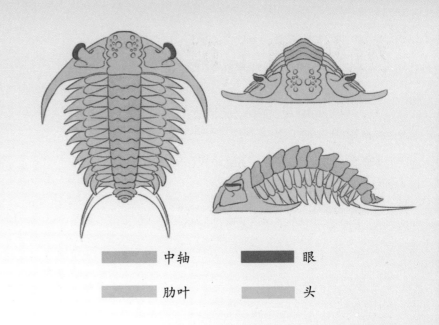

	中轴		眼
	肋叶		头

▲ 三叶虫的身体结构

三叶虫兴衰

三叶虫诞生以后，逐渐遍布海洋，"霸占"海洋长达3亿年。奥陶纪是三叶虫的繁荣时代，奥陶纪后，三叶虫逐步走向没落。当二叠纪大灭绝事件发生，曾经的"地球霸主"三叶虫便在毁灭性打击下走向了灭绝。

▼ 三叶虫的身影遍布海洋

三叶虫在生长过程中需要经常蜕壳。

三叶虫可以在海洋中游泳、漂浮。

可见的生命

三叶虫是怎么突然出现的？直到 20 世纪，人们对于这个问题才有了重大发现。

古生物学重大发现

1909 年的一天，古生物学家沃尔科特沿加拿大落基山脉的一条山路行走，偶然间发现了一片页岩，页岩里有许多古老生物的化石，距今 5 亿多年。后来这片化石群被命名为"布尔吉斯生物群"。

沃尔科特是三叶虫研究领域的专家。

◀ 沃尔科特

寒武纪生命大爆发

沃尔科特发现了品类多样的生物化石，但他并没有做出更多有意义的研究。后来，一位叫莫里斯的英国大学生参观了这批化石，他意识到这些化石的重大意义，并与导师、同学一起将化石进行了系统分类。他们认为，寒武纪时期在动物体形方面是无与伦比的创新时代，仅仅在几百万年的时间里就创造了众多的生命形态。

▼ 发现页岩中的化石

由于地质作用，原本的海洋变成了山峰。

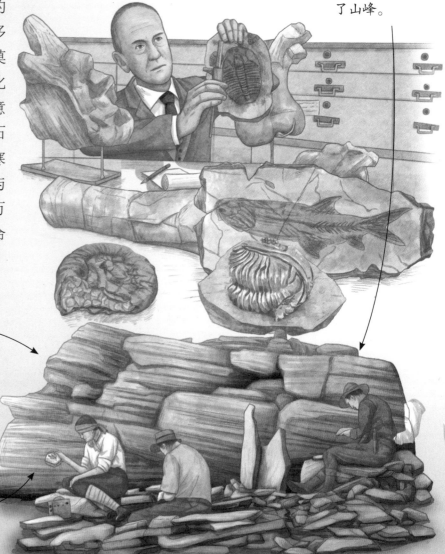

露头即岩石、地层和矿床露出地面的部分。

▶ 露头

人们在布尔吉斯页岩中发现了大约150种动物的化石。

62

初始阶段的可见生命

复杂生物出现至少是在寒武纪之前的 1 亿年，这个发现归功于一位年轻的澳大利亚地质工作者斯普里格。1946 年，他被政府派往山区寻找可重新投入使用的旧矿井。他无意中发现一块砂岩上面布满了细微的化石，就像叶子在泥土里留下的印子。这些岩石的年龄比寒武纪生命大爆发还要早，显然这才是初始阶段的可见生命。

▲ 发现化石

一位聪明的小学生

1957 年，英国小学生梅森在穿越森林时发现一块岩石里有一种非常古怪的化石，它和斯普里格偶然发现的化石中的一些标本一模一样。这位聪明的小学生把化石交给了一位古生物学家，这位古生物学家马上意识到这是寒武纪之前的东西。梅森因为这个重大发现受到了大家的表扬，被大家当作古生物学界的"小英雄"。

对生命大爆发的推测

根据这些发现，有学者认为，我们可能误会了寒武纪大爆发。这次爆发或许并不像我们想象中那样厉害，我们所认为最先出现于寒武纪的动物很可能早就存在，只是非常小，小到根本保存不下来。而所谓的生命大爆发，很可能只是生物的块头变大了，被保存了下来。

在寒武纪之前，生命就已经存在了。

▼ 寒武纪生命大爆发

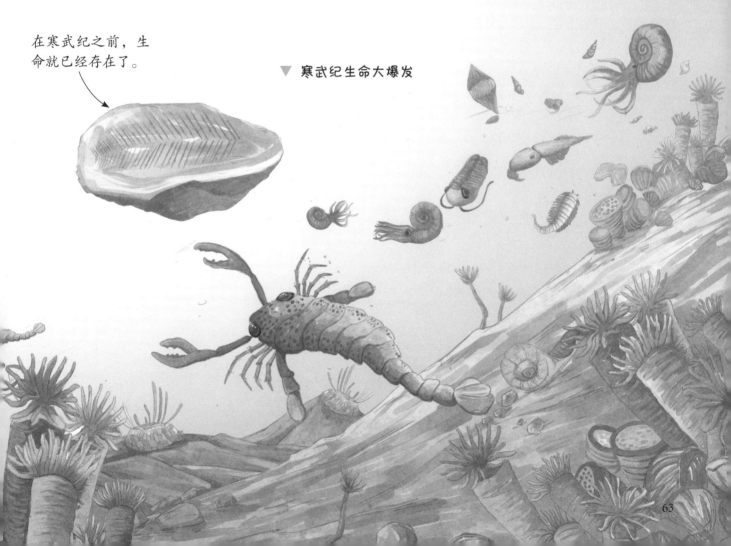

从海洋到陆地

每一次生命的改变都让地球开启了新篇章。曾几何时，有一群"勇士"勇敢地从海洋来到陆地，为地球开创了一个新的世界。

最早的登陆动物是由鱼类进化而来。

▲ 早期爬行动物

没办法，只能去陆地

对早期生物来说，去陆地并不是一个好主意，因为那里既干燥又炎热，还一直笼罩在强烈的紫外线辐射之下。但水下的日子也不好过，沿海的栖息地因大陆的合并而减少，恐怖的捕食者也大量出现，动物间的竞争越来越激烈。去陆地，就成了一些海洋生物求得生存的不得已的选择。

陆地上第一批居民

要在陆地上生活，动物必须先学会从空气中直接摄取氧气。幸运的是，一些肉鳍鱼类做到了，成功成为陆地上第一批居民。这些动物学会了从空气中直接获取氧气，开始在陆地上四处活动。

鱼类登上陆地后，逐渐演化为两栖类。

肉鳍鱼类的鱼鳍充满了力量。

▼ 鱼类

同位素的另一个功能

我们已经知道同位素可以帮助我们测定古生物化石的年代，其实它还有一个功能，就是帮助我们推算出几亿年前的空气浓度。石炭纪时期形成了许多石灰岩，其中有氧 -16 和氧 -18 这两种稳定的同位素。这两种同位素让我们知道，在它们形成之时大气里含有多少氧气和二氧化碳。通过计算，科学家发现当时空气里的氧浓度高达 35%，比现在要高许多。

爬行动物

爬行动物的四肢进化得更加适合在陆地上行动。

巨虫

许多节肢动物是通过遍布肌体的微型气管直接吸收氧气的，所以高浓度氧气能促使它们向大个头方向进化。

高浓度氧气的作用

为什么石炭纪的氧浓度会如此之高呢？主要是因为那时有很多高大的树木，植物生长繁盛，它们强大的光合作用打乱了正常的碳循环过程。而高浓度的氧气有一种作用，那就是使生物体形变大。

▼ 石炭纪时期的"巨虫"们

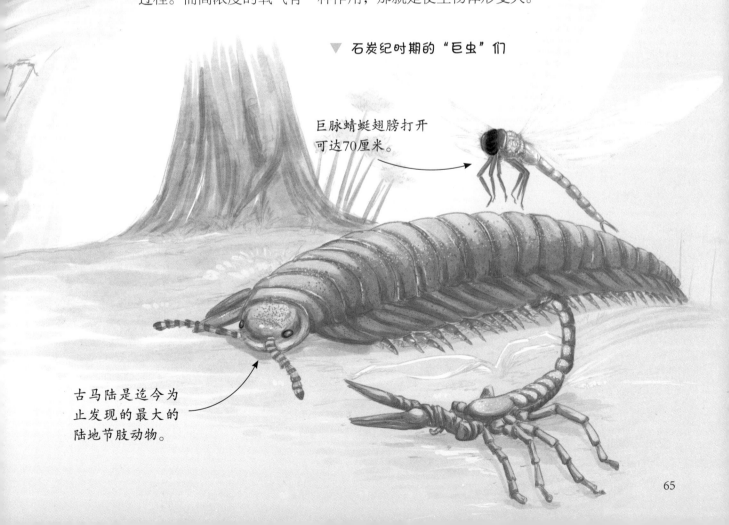

巨脉蜻蜓翅膀打开可达70厘米。

古马陆是迄今为止发现的最大的陆地节肢动物。

陆地生物的"四大王朝"

自陆地生物产生以来，地球上陆续出现了"四大王朝"。这"四大王朝"经历了大规模的物种更替。

背帆可能用来控制体温。

▼ 异齿龙

异齿龙并不是恐龙，反而和哺乳动物亲缘更近。

"第一大王朝"

"第一大王朝"是缓慢而笨重的原始两栖动物和爬行动物的天下，其中最著名的动物当属异齿龙。异齿龙是一种下孔亚纲动物，而下孔亚纲与缺孔亚纲、调孔亚纲、双孔亚纲一起构成了早期爬行动物的四个分支。它们的区别是动物颅骨侧面小孔的位置和数量不同。

兽孔目起源于二叠纪早期。

▼ 兽孔目动物

"第二大王朝"

爬行动物这四大分支还可以继续细分，例如缺孔亚纲中进化出的鳖是当时地球上最先进的物种。下孔亚纲分为四支，其中三支都在二叠纪大灭绝中烟消云散，只有一支熬过了这个艰难的时刻。后来这一支进化为最初的原始哺乳动物，即兽孔目爬行动物。它们构成了陆地生物的"第二大王朝"。

▲ 原始龟类

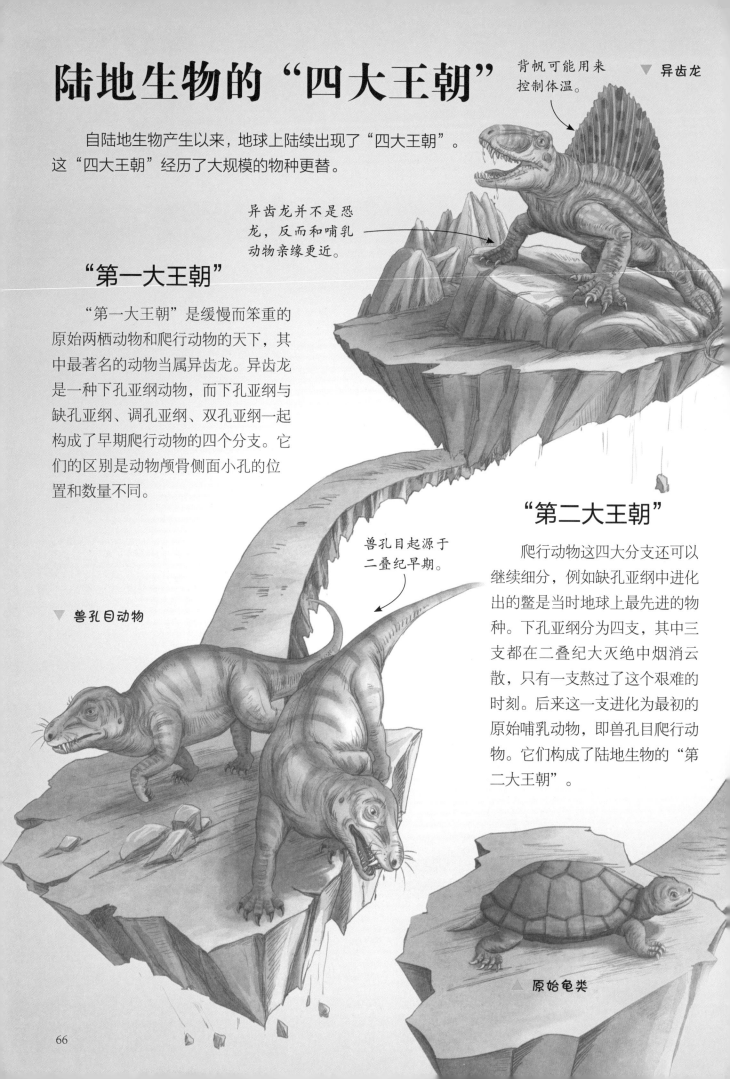

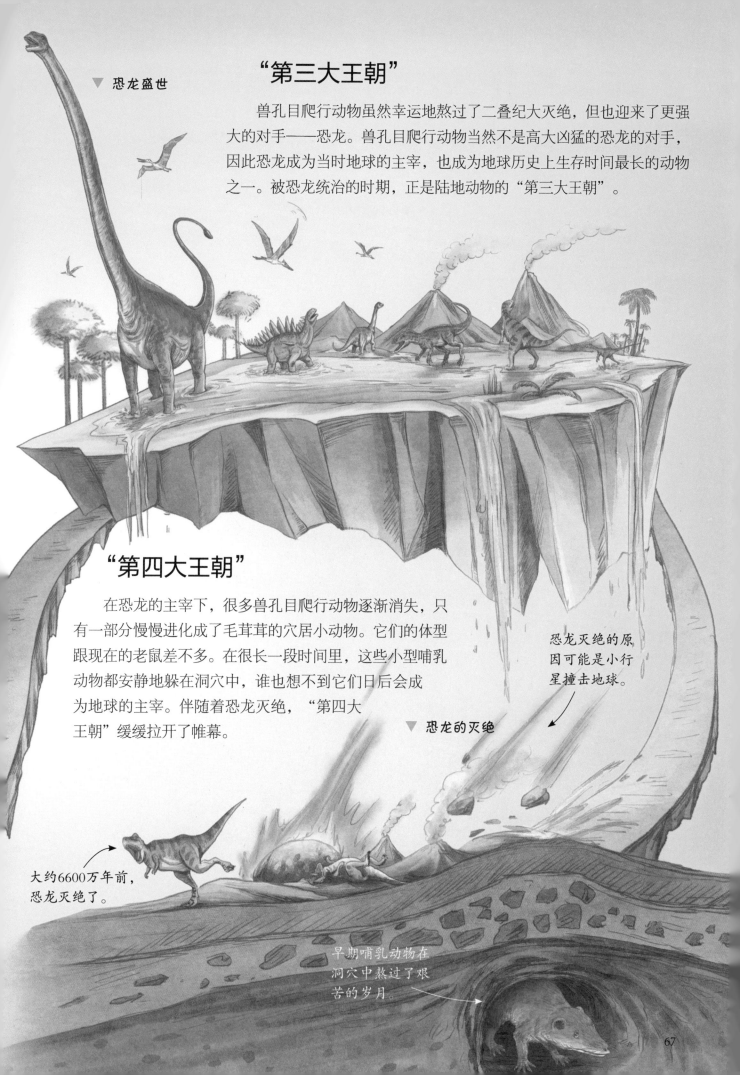

"第三大王朝"

▼ 恐龙盛世

　　兽孔目爬行动物虽然幸运地熬过了二叠纪大灭绝，但也迎来了更强大的对手——恐龙。兽孔目爬行动物当然不是高大凶猛的恐龙的对手，因此恐龙成为当时地球的主宰，也成为地球历史上生存时间最长的动物之一。被恐龙统治的时期，正是陆地动物的"第三大王朝"。

"第四大王朝"

　　在恐龙的主宰下，很多兽孔目爬行动物逐渐消失，只有一部分慢慢进化成了毛茸茸的穴居小动物。它们的体型跟现在的老鼠差不多。在很长一段时间里，这些小型哺乳动物都安静地躲在洞穴中，谁也想不到它们日后会成为地球的主宰。伴随着恐龙灭绝，"第四大王朝"缓缓拉开了帷幕。

▼ 恐龙的灭绝

恐龙灭绝的原因可能是小行星撞击地球。

大约6600万年前，恐龙灭绝了。

早期哺乳动物在洞穴中熬过了艰苦的岁月。

67

生物的灭绝

某些生物的灭绝是无法避免的事情。尽管这是残酷的，但不可否认的是，生物的灭绝也是生命演化发展的动力之一。

陪着我们的动物并不多

不管地球历史上究竟存在过多少种生物，总有一些物种会走向灭绝。虽然物种的灭绝是自然界的一个正常现象，但由于人类活动的影响，如今物种的灭绝速率已经大幅上升。我们一定要爱护动植物，尽量减缓物种的消失速度，保护地球的生物多样性。

▼ 各种各样的现代生物

地球上有几百万种生物，人类只是其中之一而已。

《中国生物物种名录》2022版共收录了125034个物种。

▼ 海洋生物登陆

辩证地看待灭绝

对于单个物种来说，灭绝当然是坏事，但对于整个地球来说却不尽然。翻一翻地球的历史就会发现，每一次大危机后面总有一次了不起的生物大发展。奥陶纪大灭绝淘汰了大量没有活力的海洋滤食动物，为那些快速移动的鱼类和大型水生爬行动物的发展创造了条件；白垩纪晚期的灭绝结束了恐龙时代，但也为之后哺乳动物的崛起提供了机会。

5次生物大灭绝

从生物诞生以来，地球上已经发生了5次大灭绝事件。这5次大灭绝事件分别发生在奥陶纪、泥盆纪、二叠纪、三叠纪和白垩纪。其中，最厉害的是二叠纪生物大灭绝。在这次生物大灭绝事件中，全球有96%的物种灭绝。

▲ 古生物骨骼化石

▼ 恐龙时代的地球

为恐龙时代拉开序幕

在距今2亿多年前的二叠纪，发生了生物诞生以来最严重的物种大灭绝事件。这次大灭绝为恐龙时代的到来创造了条件。它消减了许多占主导地位的生物群体，减少了竞争，使恐龙这一新兴物种能够迅速占据空缺的生态位，在三叠纪多变的环境中生存并走向繁荣。

与其他爬行动物相比，恐龙的肢体更适合行走和奔跑。

恐龙的类型多种多样。

简单的生命形式

生命演化出了越来越复杂、各异的形态，而地球上数量最多的，仍是简单的生命形式——它们往往有着原始的形态与顽强的生命力，无论多么艰难的生存条件都不能将它们击垮。现在，让我们来看几个例子吧。

不是植物是真菌

真菌并非全是肉眼不可见的生物，实际上，我们经常见到它们。那些可以被烹饪成鲜嫩佳肴的各种菇类就是真菌。这类真菌经常被误认成植物，但它们没有植物的根、茎、叶，也不进行光合作用，而是从腐烂的物质中获取养分，让自己生长。所以许多真菌会生活在枯枝、落叶上或潮湿的土壤中。对了，我们发酵用的酵母、食用的木耳和银耳也都是真菌哦。

僵尸蚂蚁

有一种起源于4800万年前的远古真菌，可以寄生在蚂蚁身上，并通过释放化学物质将蚂蚁变成自己的"傀儡"，操纵蚂蚁的行为。被寄生的蚂蚁会变得像僵尸一样，最终浑浑噩噩地死去。

植物利用光合作用获取生长的营养。

真菌没有叶绿体，依靠分解和吸收有机物质维持生存。

▼ 树干上的真菌

坚强的地衣

地衣十分顽强，可以生长在风吹日晒的山顶，或者寒冷荒芜的极地荒原。它是藻类与真菌共生的复合体。真菌负责帮助藻类吸收水分，并包被藻体，保护藻类免受强光直射和干燥环境的影响；藻类则负责制造有机物，为真菌提供营养。二者构成了一种稳定、互惠的共生关系。

▲ 覆盖在岩石上的地衣

杀不死的水熊虫

水熊虫的生命力十分顽强，别看它们的体型小，却可以在恶劣的环境中生活。不论是缺氧还是极寒、极热，甚至是在外太空，水熊虫都能够在没有任何防护的情况下顽强生存。在恶劣环境中的水熊虫会发生假死现象，它们的身体会萎缩并脱水，静静蛰伏，忍耐所有折磨，直到条件好转再复苏。

▲ 水熊虫

▶ 栉水母

栉水母并不是一种水母，它的构造非常原始。

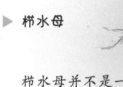

随波逐流的栉水母

现代栉水母的祖先在寒武纪生命大爆发时就已出现，当时的其他动物都进化出坚硬的外壳来应对日益变化的环境，但原始栉水母却不走寻常路，而是选择"以柔克刚"逃过了种种生存险境，一直演化到了今天。栉水母的身体透明，构造简单，在白天几乎可以隐形，到了夜晚则会发出柔和的光。在海里演化了这么久，栉水母却一直没有学会游泳，移动全靠"随波逐流"。

多灾多难的生命历程

生命的演化是一个漫长的过程，虽然与地球的历史相比这不算什么，但对于我们人类来说，这已经足够漫长了。如果把地球 46 亿年的历史压缩成普通的一天，你猜这一天里都发生了什么？

眼虫是介于动物和植物之间的单细胞生物。

酵母菌是最早被人类利用的微生物。

草履虫是最低等、最原始的原生动物。

鞭毛

酵母菌　　　　草履虫　　　　衣藻　　　　　　眼虫

▲ 单细胞生物

零点

叮！0 点了，地球在此刻正式诞生。在刚开始的几个小时，地球没有任何生命迹象，到了凌晨 4 点，第一批最简单的单细胞生物出现，生命宣告诞生，这是个了不起的突破。但在接下来的 16 个小时里，这些简单的生命静悄悄的，并没有取得什么进展。

▼ 生物登上陆地

晚上的时间

到了晚上 8 点 30 分，一群活泼的微生物终于出现了，地球这才有了生机。紧接着出现的是第一批海生植物，晚上 9 点 4 分，三叶虫闪亮登场，紧接着就是布尔吉斯页岩中的那些动物。快10 点的时候，植物开始出现在大地上。随后，第一批陆生动物出现了。

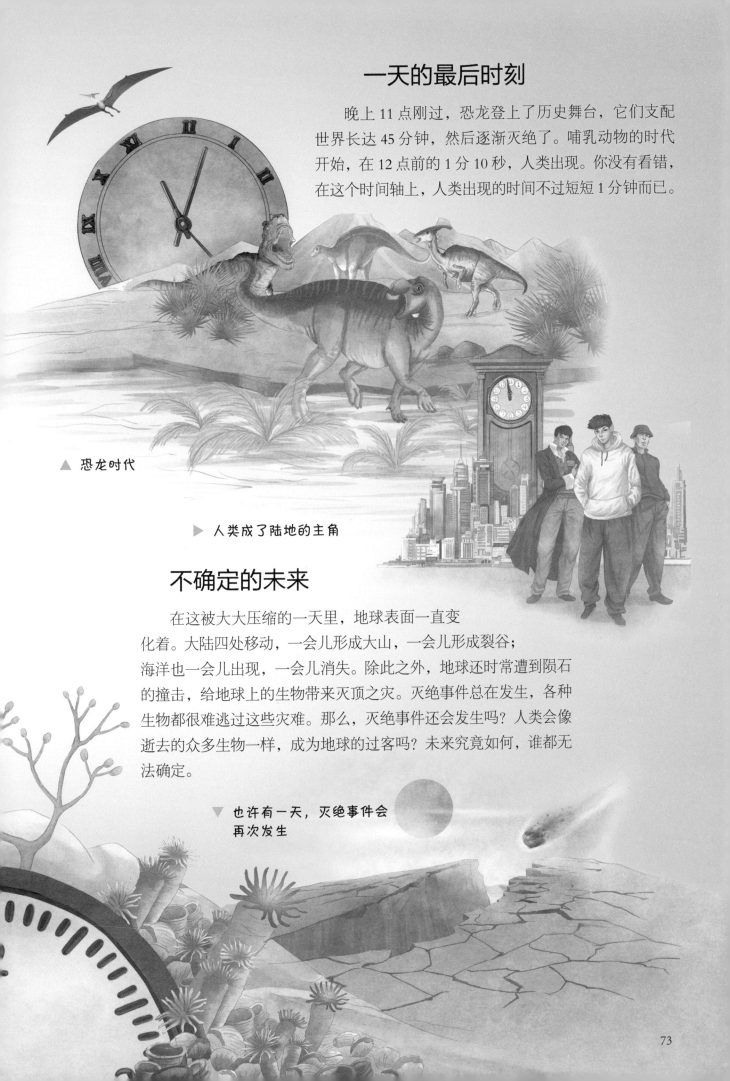

一天的最后时刻

晚上 11 点刚过，恐龙登上了历史舞台，它们支配世界长达 45 分钟，然后逐渐灭绝了。哺乳动物的时代开始，在 12 点前的 1 分 10 秒，人类出现。你没有看错，在这个时间轴上，人类出现的时间不过短短 1 分钟而已。

▲ 恐龙时代

▶ 人类成了陆地的主角

不确定的未来

在这被大大压缩的一天里，地球表面一直变化着。大陆四处移动，一会儿形成大山，一会儿形成裂谷；海洋也一会儿出现，一会儿消失。除此之外，地球还时常遭到陨石的撞击，给地球上的生物带来灭顶之灾。灭绝事件总在发生，各种生物都很难逃过这些灾难。那么，灭绝事件还会发生吗？人类会像逝去的众多生物一样，成为地球的过客吗？未来究竟如何，谁都无法确定。

▼ 也许有一天，灭绝事件会再次发生